OHSAMA BUNKO

植物たちの
不《ふ》埒《らち》なたくらみ

稲垣栄洋

三笠書房

もくじ

1章

「食べさせて」利用するたくらみ

――「子孫を殖やす」ためなら何でもあり

2章

「あざやかな色」でおびき寄せるたくらみ
——「熟した果実」が発するメッセージ

3章

「働きづめにさせる」たくらみ
――「富への渇望」を煽ったイネ科植物

4章

「世界中に運ばせて」殖えるたくらみ

——マメ科植物が「文明の発展」の陰で暗躍していた？

5章

「糖にやみつき」にさせるたくらみ

――「甘い話」には、いつだって裏がある

6章

「カフェインの虜」にさせるたくらみ
——人類はもう、これなしにはいられない

本文イラストレーション　カワナカユカリ

プロローグ――あえて、食べさせる――それが「植物たちのたくらみ」だとしたら？

植物は動くことができない。
ただし、二回だけ移動するチャンスがある。
一回目は「種子」の状態のときである。
タンポポの種子が風で飛ぶように、種子は移動できる。

もう一回は何だろう？
これは難しいかもしれない。

もう一回は「花粉」のときである。
花粉は遠くの雌《め》しべに移動して種子を作る。

たとえば、花粉症の原因にもなるスギやヒノキは、風に乗せて花粉を飛ばす。こうして、移動して他の木と受粉をするのだ。

「風まかせ」な生き方からの脱却

タンポポの種子やスギの花粉のように、風を利用して移動するという方法もある。しかし、風まかせという言葉もあるとおり、風に乗せる方法は確実性が低い。そこで、多くの植物が選んでいる方法が、動くことのできる動物を利用するという方法である。

たとえば花粉は、ハチなどの昆虫が花を回って運んでいく。この方法であれば、花から花へと確実に花粉が運ばれる。

植物の進化をたどると、植物が昆虫に花粉を運ばせるようになったのは、恐竜の時代であると考えられている。

植物の花に最初に訪れた昆虫は、もともとは花粉を食べにきた害虫であった。

しかし、あるとき、花粉を食べにきた昆虫の体に花粉が付着した。その昆虫が別の花を訪れると、その花粉が雌しべにつく。

こうして、偶然、昆虫によって花粉が運ばれたのである。

植物にしてみるとどうだろう。花粉を食べられるのは確かに被害ではあるが、その代わり、昆虫を利用すれば花粉を運ぶことができる。

そもそも、風で花粉を運ぶのは、あまりに効率が悪い。何しろ、どこに花粉が飛んでいくかわからないから、大量に花粉を作らなければならない。どんなにたくさん花粉を作っても、その花粉が首尾よく他の花にたどりつく可能性はあまりに低い。

それに比べて、花から花へと移動する昆虫を利用できれば、確実に花粉を運ぶことができる。そう考えれば、少しくらいの花粉を食べられることは、植物にとっては何でもないことだ。

花粉を食べさせて花粉を運ばせる。

それが「植物のたくらみ」である。

植物はどのように「高度な戦略」を発達させるか

「脳もないのに、植物はそんな作戦をどうやって思いつくのか？」と質問されることがある。

もちろん、植物は考え抜いて、そんなたくらみを思いついているわけではない。

植物に限らず、生物は、同じ種類であってもその性質は均一ではなく、**多様性**がある。それは、個性と言ってもよいかもしれない。

その中で、環境により適した性質のものが生き残ったり、よりたくさんの子孫を残したりする。そうして、適した性質が次の世代に伝えられていくのである。

たとえば、同じ生物でも、寒さに強い個性を持つものと、暑さに強い個性を持つものがいる。寒い地域では、寒さに強い個性を持つものが生き残り、たくさんの種子を残す。そして、寒さに強い個性を持つものの子孫の中でも、より寒さに強いものと、やや寒さに強いものというバラツキが生まれる。寒さの厳しい地域では、より寒さに強いものが生き残っていくだろう。

　こうして、寒い地域では、寒さに強い性質や、寒さに耐える戦略が発達していくのである。

　特に、植物は動いて場所を移動することができないから、寒さに強い性質や暑さに耐えるための性質は、生き残る上で重要な性質になるかもしれない。

　こうして、生物は、「多様性」を持ちながら、常にさまざまなチャレンジをしている。その結果、環境に適した性質や戦略が、選ばれていく。

　このように、**生物はトライ・アンド・エラーを繰り返しながら、進化をしていく**のである。


　植物が頭脳もないのに、高度な戦略を発達させていくことは不思議な感じがするかもしれない。

　しかし、どうだろう。たとえば人間の目は遠近感を測れるように正面に二つ、ついている。これは、何も私たちの頭脳が「二つの目が機能的だ」と考えたから、そうなっているわけではない。

進化の過程で、距離感を測りやすい目を持つものが成功し、結果的に、「正面に二つの目を持つ」という戦略が発達したのである。

「昆虫を利用する」たくらみは、どう洗練されてきたか

昆虫に花粉を運ばせるという植物の「たくらみ」も同じである。

たとえば、花粉を食べにくる昆虫は害虫だから、昆虫がやってこないようにするという戦略もある。

あるいは、昆虫に食べられても大丈夫なように、大量に花粉を作るという戦略もあるかもしれない。

一方、花粉を食べられる覚悟で昆虫を呼び寄せて、花粉を運ばせるという戦略もある。

その中で、優れた性質を持つ個体は生き残り、子孫を残していく。

もしかすると、その性質は子孫に受け継がれて、より発達していくかもしれない。

たとえば、昆虫に見つけられやすい花には、昆虫が集まり、より花粉が運ばれるようになる。こうして、見つけられやすい花がたくさんの子孫を残せる条件が整うと、やがて花びらのように、昆虫に目立たせるための性質が進化を遂げていく。

あるいは、花粉よりももっと昆虫に魅力的なエサを用意しようと、花の蜜《みつ》を作り出す花が現われる。

植物は進化の過程でさまざまなトライ・アンド・エラーを繰り返していくが、その過程で、「昆虫を集めて昆虫を利用する」という戦略を洗練させていくのだ。

それが結果的に見ると、**「昆虫を利用する」という「たくらみ」として完成**していくのである。

食べられて種子を散布するという戦略

植物の多くは、こうして昆虫を巧みに利用して花粉を運んでいる。

そのために発達させたものが「花」だ。

それでは、種子はどうだろう。

種子を移動させるために植物が発達させたもの、それが「果実」である。利用したのは、植物を食べにやってきた生き物だった。

植物を食べ尽くす動物に食べられた植物の種子が、消化されずに糞《ふん》といっしょに排出されると、動物が移動した分だけ、植物の種子も移動できる。

こうして、**食べられて種子を散布するという戦略**が発達していったのだ。

最初はさまざまな生き物が植物の種子を運んだだろうが、やがて植物はパートナーとして鳥を選ぶようになる。

翼を持つ鳥は、他の生き物に比べて移動できる範囲が広いため、植物が分布を広げるのに都合がよいのだ。

現在では、鳥に食べさせて種子を運ぶ「鳥散布型種子」を持つ植物が多い。

つまりは、「鳥に食べさせて分布を広げる」という「たくらみ」が、もっとも成功しているのである。

植物は花粉や蜜を食べさせて花粉を運び、果実を食べさせて種子を運ぶ。

「食べさせて利用する」は、動けない植物の常套《じょうとう》手段なのである。

いわば、**「食べさせること」は、植物の「たくらみ」**なのだ。

食べさせて利用する……。

（ん？）

私には思いつくことがあった。

私たちがふだん食べているお米や野菜も、考えてみれば植物である。

私たちは、植物を食べているのだ。

それは、植物に「食べさせてもらっている」ということでもある。

もし、「食べさせて利用する」のが植物のたくらみだったとしたら、どうだろう。
もしかすると、私たちは植物に利用されているのではないだろうか……。

（まさかね）

私は一人で苦笑いすると、コーヒーを飲み干した。

1章

「食べさせて」利用するたくらみ

――「子孫を殖やす」ためなら何でもあり

いつだって植物が求めるのは「新天地」

「ドメスティケーション」という言葉がある。

これは、**「栽培化」**を意味する言葉だ。

私たちはさまざまな植物を栽培し、利用している。

たとえば、今、私が食べているコンビニのサラダにはレタスやキャベツ、ミニトマト、キュウリ、コーンなどが入っている。

考えてみれば、これらの野菜はすべて栽培されている植物だ。

私たち人類は、「万物《ばんぶつ》の霊長《れいちょう》」を自負している。

万物の霊長である人類は、じつに傲慢《ごうまん》な生物だ。

自然環境を自分たちのものであるかのように、思うがままに改変している。

そして、自然界に生きるさまざまな生物をも、欲望のままに利用しているのである。

私たちが栽培している作物や野菜なども、すべて人間が利用するために改良された植物である。

人間は、何と身勝手な生き物なのだろう。

そして、人間たちの欲望のままに利用されてきた栽培植物は、何と気の毒な存在なのだろう。


私はコーヒーをひとくち飲んだ。


コーヒーはアフリカ原産の植物である。

しかし、今では人間たちの手によって、見知らぬ土地に連れて行かれて、故郷を遠く離れた場所で栽培されている。

（このコーヒーもまた、人間に翻弄《ほんろう》されてきた植物なのだ……）

しかし……と私は思いつくことがあった。

本当にそうだろうか。

植物にとって、一番大切なことは何だろう。

それは**花を咲かせて、種子を残すこと**である。そして、種子を散布し、分布を広げることである。

そのために植物は、競い合って茎《くき》を伸ばして葉を広げ、競い合って花を咲かせている。

さらに植物は、分布を広げるためにさまざまな工夫をしている。たとえば、タンポポは綿毛《わたげ》を風に乗せて種子をばらまくし、木々は果実を実らせて鳥に食べさせる。

しかし、どうだろう。

人間は船や飛行機を使って、難なく海を越えていく。そして、海の向こうに種子を運び、世界中で種子を播《ま》いてくれるのだ。

植物にとって、人間は何と便利な存在なのだろう。何と役に立つ存在なのだろう。

もしかすると、**欲望のままに思うがままに動かされているのは、人間**なのではないだろうか。

植物は「世界征服」をたくらむ野心家なのか

動けない植物は、他の生き物を利用して巧みに移動を遂げている。

しかし、不思議である。
そもそも、どうして移動しなければならないのだろうか？
「それは分布を広げるためである」、と思うかもしれない。
それでは、どうして分布を広げなければならないのだろう。

植物は、けっして世界征服をたくらむような野心家ではない。
それでも植物は、子孫を殖《ふ》やしていくことに心血を注いでいる。
もしそこが植物にとっての楽園であったとしても、未来永劫《えいごう》、その場所が楽園であり続けるかどうかはわからない。
環境が変わるかもしれないし、ライバルとなる他の植物が侵出してくるかもしれない。

植物が滅《ほろ》びずに命をつないでいくためには、常に新天地を探しておく必要がある。そのために、植物は種子を散布して、新たな土地を求めるのである。

種子をばらまいたとしても、その種子が生育に適した場所にたどりつける保証はない。種子を生産することは、手間もコストも掛かる作業である。

しかし、植物は種子を生産し、種子を散布する。そうしなければ、子孫を残し、命をつないでいくことができないのだ。

種子を散布して、新天地を求めることは、チャレンジであると同時に、リスク管理でもあるのだ。

どんなに食べられたって「版図を広げたい」

植物は苦労して種子を散布し、わずかでも生息範囲を広げようとしている。

少しでも分布を広げたいというのが、植物の願いである。

そんな植物たちにとって、まさか、世界中に分布を広げるというのは、夢のまた夢の話である。

しかし、世の中にはそれを実現した植物がある。

それこそが、**人間に栽培されている植物**である。


子孫を殖やし、分布を広げることが植物の目指していることだとすれば、栽培植物は、じつにうまくやっている。

何しろ人間が世界中に種子をばらまいて、人間が勝手に殖やしてくれるのだ。

それだけではない。

水のないところには水を引いてもらい、やせた土地では肥料を与えられて、何不自由なく暮らしている。

人間をパートナーに選ぶことによって、栽培植物は植物としての成功を果たしているのだ。

「食べられている」といえば、そのとおりだが、そもそも植物が果実を実らせたり、種子を作ったりするのは、分布を広げるためである。

どんなに食べられて利用されているように見えても、結果的に子孫を殖やし、分布を広げることができれば、植物にとっては何も言うことはない大成功なのだ。


葉っぱを食べる野菜などは、種子を作る前に食べられてしまうが、そもそも植物が光合成をして、大きく育とうとするのも、花を咲かせて、種子を作るためだ。

そうであるとすれば、たとえ葉っぱを食べられたとしても、タネ取り用の栽培が行なわれて、栽培し続けてもらえるのであれば、植物にとってはその方がずっといいに決まっている。

厳しすぎる「アウェイの戦い」に臨むよりも――

たとえば、**レタス**は地中海原産の植物である。

地中海は、日本とは逆に、冬に雨が降り、夏に乾燥する。

植物にとってもっとも大切なものは水だから、地中海の気候で生き抜こうとすれば、乾燥する夏よりも、雨が降る冬に葉を広げる方がよい。

そのため、地中海原産の植物は秋に芽を出して、冬の間に葉を広げるものが多い。

野菜でも草花でも、種子を秋に播く秋まきの植物は、地中海原産のものが多い。


レタスも秋に芽を出して、冬の間に成長する植物である。

レタスは、タンポポと同じキク科の仲間で、タンポポと同じように綿毛で種子を飛ばす。

そうやって、分布を広げていくのだ。

もっとも、植物にとって、分布を広げていくことは簡単ではない。

風で飛ばした種子が、生育に適した環境にたどりつくとは限らない。

そして、種子がたどりついた先には、ライバルとなる多くの植物が生えている。**遠くから飛んできた種子にとっては、不利を強《し》いられる完全アウェイの戦い**だ。

そのため、多くの植物は分布を広げるために種子をばらまいているにもかかわらず、結果的には、限られた地域で生育している。


しかし、人間をパートナーにすれば、話は違う。

今やレタスは世界中で栽培されている。

人間が種子を播いて、勝手に分布を広げてくれるのだ。

しかも、水をくれるし、肥料まで与えてくれて、ライバルとなる雑草は、すべて取り除いてくれる。

レタスにとっては、少しくらい食べられることは何でもない。

とにかく人間に気に入られさえすれば、成功を収めることができるのだ。

「自然環境」に適応するか、「人間」に気に入られるか

生物の進化は、環境に適したものが生き残っていくことによって起こる。そして、環境に適応できなかったものは、生き残ることができずに淘汰《とうた》されていく。世代を経て、これを繰り返していくうちに、生物は環境に適応する方向に変化していく。

これが**「自然選択」**である。

いわば、環境に選ばれたものだけが、生き残っていくのだ。

植物が自然界で生き残るためには、さまざまな能力が必要となる。環境に適応することも大切であるが、ライバルとなる植物との競争に勝つことも必要となるし、害虫から身を守ることも必要となるだろう。

しかし、人間に栽培されれば、そんな心配はすべて必要なくなる。何しろ、適した環境は人間が作り出してくれる。ライバルとなる植物も人間が排除

してくれる。そして、恐ろしい害虫さえ人間が退治してくれるのだ。

そうなると、植物はどのような変化をすればよいだろう。

栽培される植物にとって必要なことは、環境に適応し、環境に選ばれることではない。

何が優れているかを決めるのは、自然環境ではなく、人間なのだ。

人間に選ばれたものが生き残り、人間に選ばれなかったものは淘汰されていく。

ということは、植物にとって必要なことは、人間に気に入られる性質を身につけることなのだ。

レタスはなぜ「丸々と結球」するのか

レタスには、玉のように結球する玉レタスという種類がある。

しかし、植物にとって葉は、光を浴びて光合成をするための大切な器官である。

葉を重ねて玉のようになることは、植物にとって、けっして有利な特性ではないのだ。

しかし、人間にとっては、レタスが結球をすることは都合がよい。

タンポポの葉っぱをイメージするとわかりやすいが、光を浴びるためだけであれば、必要以上に葉っぱをつける必要はない。

しかし、人間はレタスの葉っぱを食べるから、たくさんの葉っぱをつける結球性のレタスは都合がよいのだ。

しかも葉が丸まれば、厳しい寒さで葉が傷むことを防ぐこともできる。

植物にとっては少しくらい葉が傷んでも、新しい葉を作ればよいかもしれないが、葉っぱを食べる人間にとっては、葉が傷まない方が都合がよい。

こうして、人間に都合がよいレタスが選ばれて、レタスは人間に気に入られるように進化していったのである。

丸々と玉になるレタスは、自然界ではけっして有利であるとは言えない。

野生では生き残ることができず、人間に世話をしてもらわなければ、生きていくことができない存在だ。

もちろん、「人間がレタスを改良している」という言い方もできる。

しかし、生物は自然環境に適応するように進化をする。

そうだとすると、レタスもまた、人間の好みに適応するように進化をしただけとも言うことができるのである。

植物の立場に立ってみれば、**自然環境に選ばれることも、人間に選ばれることも、何の区別もない**のだ。

もし宇宙人が「緑の惑星」を観察したら……

地中海原産のレタスは、秋に種子を播いて、冬に生育する植物である。

しかし、どうだろう。

たとえば、「高原野菜」という言葉があるとおり、日本ではレタスは夏の高原で栽培されているイメージもある。

実際には、日本でもレタスは冬から春にかけて栽培される冬野菜である。

ただし、一年中、レタスが食べられるようにするために夏も栽培されているのだ。

冬に育つレタスは暑さに弱いので、涼しい高原地帯で栽培される。

そして、夏の栽培に合う性質を持ったレタスが選ばれて、品種が作られているのだ。

これも、栽培に適した品種改良が行なわれているとも言えるし、**レタスが人間に気に入られるように適応している**と言うこともできる。


視点を変えれば、見方が変わる。

人間の視点で見れば、「人間がレタスを育てている」。

しかし、**レタスの視点で見れば「人間に世話をさせている」**のである。


果たして、人間がレタスを利用しているのだろうか。

それとも、レタスが人間を利用しているのだろうか。


地球は植物に覆《おお》われた緑の惑星である。

もし、宇宙人が、地球の外から地上を観察したとしたらどうだろう。
人間はレタスを利用する高度に進化した動物だと思うだろうか。
それとも、レタスは人間を利用する高度に進化した植物だと思うだろうか。

（まさかね。さすがに妄想が過ぎる）

私はコーヒーを飲み干した。

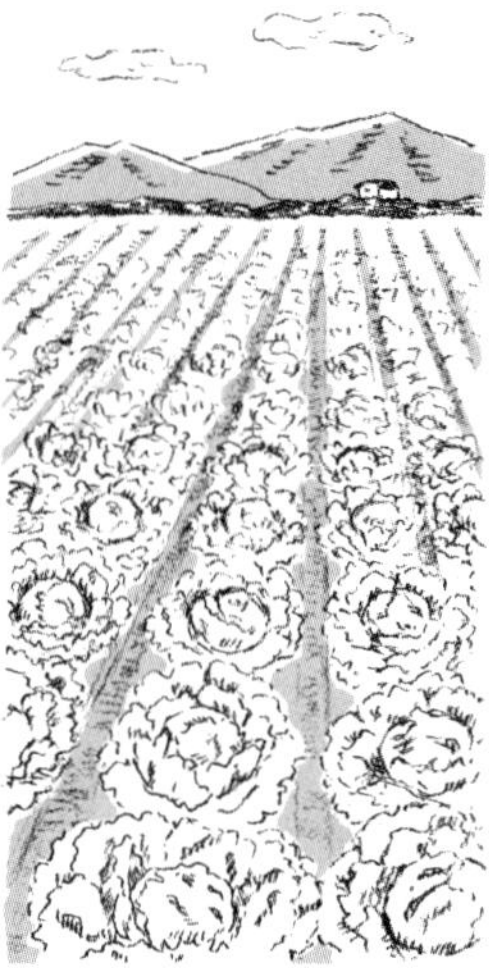

従順に改良された「植物界のイヌ」

「植物界のイヌ」と呼ばれる植物がある。

それが**「ブラシカ」**である。

ブラシカは、植物の属名である。日本語ではアブラナ属という意味だ。

すべての生物は「属」と呼ばれるグループに分けられている。

たとえば、スミレの仲間は、日本語ではスミレ科スミレ属である。スミレ属は、ラテン語ではビオラ属と呼ばれている。

「ビオラ」は、園芸植物の商品名としても知られている。パンジーの小輪の品種は一般に「ビオラ」と呼ばれているのだ。

ただし、ビオラは、もともとスミレの仲間を指す属名である。

日本に自生するスミレは、学名を「ビオラ・マンジュリカ」という。

その名のとおり、よい香りを放つニオイスミレは「ビオラ・オドラータ」という。

このようにスミレの仲間の学名は、「ビオラ」という属名がつけられている。


ブラシカは、ブラシカ属の植物の総称である。

たとえば、油料用の作物であるセイヨウアブラナや、種子が洋がらしの原料となるカラシナもブラシカ属植物である。

ブラシカには、いくつかの「名門」と呼ばれる植物がある。

たとえば**「ブラシカ・ラパ」**の学名を持つ植物には、カブやアブラナ、ハクサイ、ノザワナ、コマツナ、ミズナ、チンゲンサイなど、さまざまな野菜が含まれている。

ケールを祖とする植物界の「名門一族」

また、さらに名門には**「ブラシカ・オレラセア」**という学名を持つ植物がある。

ブラシカ・オレラセアは、もともと地中海の海岸に生える植物だったと言われている。海岸にひっそり生えていた植物は、やがて葉っぱを食べる薬草として人間に栽培されるようになった。

それが、現在の**ケールに近い植物**だったと考えられている。ケールは、青汁の原料として知られている野菜である。

人間は長い歴史の中で、このケールを改良してさまざまな野菜を作り出してきた。

たとえば、葉が丸まるように改良した。それがキャベツである。

あるいはつぼみを食べるように改良したのが、ブロッコリーである。さらに改良を進めて色のない白い姿にしたのがカリフラワーだ。

また、茎を太らせて、コールラビという茎を食べる野菜を作り出した。さらに、葉っぱの脇の芽を結球するように改良したのが、メキャベツである。

こうして人間は、ブラシカ・オレラセアのあらゆる部位を利用して、さまざまな野菜を作り上げてきたのである。

バリエーション豊かな「見た目の違い」の謎

「ブラシカ・ラパ」や「ブラシカ・オレラセア」は、生物の種類を表わす学名である。たとえば、私たち人間は「ホモ・サピエンス」という学名である。「ホモ・サピエンス」と呼ばれるのは、我々現生人類だけなのだ。

イネは学名を「オリザ・サティバ」と言う。「オリザ・サティバ」はイネだけである。「オリザ・サティバ」の中にさまざまな種類があるということは、「コシヒカリ」や「あきたこまち」などがあることを意味する。

同じオリザ・サティバであるコシヒカリやあきたこまちは、見た目はそんなに変わらない。しかし、ブラシカ・オレラセアのキャベツとブロッコリーは見た目がまったく違う。まったく別の種類にしか見えないほどの、見た目の違いがある。

このように、同じ種類の中に、似ても似つかないようなさまざまな野菜を作り出したのは驚きである。

そのため、ブラシカ・オレラセアは、イヌにたとえられることがある。

イヌは学名を「カニス・ルプス」という。

カニス・ルプスの中には、大きなセント・バーナードから小さなチワワまでいる。足の短いダックスフントもいれば、足の長いグレイハウンドのような種類もいる。また、イヌの祖先であるオオカミも、学名は同じ「カニス・ルプス」である。

一つの生物種の中で、さまざまな見た目に改良されていることが、ブラシカ・オレラセアがイヌにたとえられている所以《ゆえん》なのだ。

「栽培化」と「オオカミの家畜化」——その共通点

イヌはどのようにして、私たち人間のパートナーになったのだろう。

最初、イヌの祖先となるオオカミは、人の食べ残しをあさるために、人間の住むところに近づいてきたと考えられている。

やがて、人間もイヌを利用することを考えるようになった。

たとえば、イヌがいれば、他の肉食獣を村から追い払ってくれるかもしれない。狩りをするときには、イヌは獲物を追い立てたり、獲物に襲いかかることもできる。イヌを利用することで、人間はより効率的に狩りをすることができるようになった。もっともそれはイヌにとっても同じである。

人間をパートナーとすれば、ふだんは獲ることのできないような大きな獲物を獲ることができる。そして、何不自由なくエサを手に入れることができるのだ。

人間はイヌを利用し、イヌは人間を利用する。そして、人間とイヌとはパートナーとなったのだ。

イヌのパートナーとなった人間は、イヌをさまざまに改良した。

しかし、イヌにしてみれば、人間に気に入られさえすれば成功できるのだから、人間の気の済むように姿を変えたと言えるかもしれない。

実際に、イヌたちは人間の知らないところで密かに体を変化させていった。

イヌの祖先であるオオカミは肉食の動物である。

しかし、イネ科植物の炭水化物に魅せられた人間は、穀物を食糧にしている。人間がイヌに分け与えるエサには、穀物の食べ残しもある。そのため、人間と同じように炭水化物を消化・吸収できるように、進化を遂げたのである。

従順に人間に従っているようで、人間を利用している。

それが、イヌの戦略であり、ブラシカ・オレラセアの戦略なのである。

「人間の支配」から逃走して野生化した植物

植物は、人間を利用し、栽培させることで分布を広げている……。

そうだとすると、不思議なことがある。

もともとは野菜だったのに、人間の支配を逃げ出した植物が存在するのだ。

たとえば、**ハマダイコン**はその名のとおり、砂浜に生える野生のダイコンである。

これは遠い昔に、栽培されていたダイコンが逃げ出して野生化したものだと言われている。

あるいは、**ノラニンジン**という植物もある。ノライヌやノラネコと同じように、人間に管理されていないニンジンという意味である。

ノラニンジンはヨーロッパから日本にやってきた外来植物であるが、古い時代にヨーロッパで野生化したニンジンであると考えられている。

あえて「野良」を選ぶ生き方もある

ハマダイコンは、栽培されているダイコンのように丸々と太ることはない。ハマダイコンが根っこを太らせるのは、砂浜で生き抜く栄養分を蓄えるためである。そうだとすれば、必要以上に根っこを太らせる必要はないのだ。

ノラニンジンの根っこもまた、太くならない。

乾燥地帯で進化を遂げたニンジンの祖先も、それなりに根っこが太くなるが、食用になるほどには太くならない。

そもそもニンジンは、葉っぱを食べる野菜である。それを人間が改良して、根っこを食べる野菜が作られたのだ。

ニンジンにとって根っこを太らせるのは、人間に気に入られて栽培させるためである。そのため、人間に栽培されないノラニンジンの根っこは太くならない。

それにしても、どうして、これらの植物は、人間の管理から逃げ出してしまったのだろうか?

ただ確かなのは、ハマダイコンもノラニンジンも、もはや人間を必要としていないということだ。

もしかすると、分布を広げるという目的を果たし終えた植物たちが、人間を見切ってしまったのだろうか。


しかし……。

私はコーヒーを飲んだ。


ノラニンジンは、ヨーロッパから日本にやってきた外来植物である。

どのような手段で、どのような経路で日本に入ってきたのかを、私たちは知らない。

現在ではグローバル化が進み、大量の人や物資が世界中を行き来している。その荷

物に種子が忍び込むだけで、人知れず世界中に移動することができるのだ。

世界各地から日本にやってくる植物もあれば、日本から世界に分布を広げていく植物もある。「外来植物」と呼ばれる植物の種類は増える一方だ。

そうだとすれば、どうだろう。

植物は「栽培させる」以外にも、分布を広げさせる利用価値を人間に見出したに違いない。

「都合のいいように」飼い慣らしているのはどちらか

人間はさまざまな植物を作り替えて、農作物を作り出した。

これが「ドメスティケーション（栽培化）」である。

草食動物が草を食べたり、鳥たちが果実をエサにしたりするように、多くの生物が植物を利用しているが、自分たちで作物を育てて利用する農業を行なうのは、人間の大きな特徴である。

もっとも、農業を行なうのは、人間だけではない。

たとえば、熱帯アメリカに棲《す》む**ハキリアリ**というアリは、農業を営むアリとして知られている。

植物ではないが、ハキリアリは**キノコ**を育てるのだ。

ハキリアリは、大きなアゴを持ち、その名のとおり、葉を切り取っていく。そして、切り取った葉を巣に持ち帰るのだ。

ただしハキリアリは、この葉っぱをエサにするわけではない。ハキリアリは、葉っぱで菌床《きんしょう》を作り、そこにキノコの菌を植え付けるのだ。こうして育てたキノコをエサにしているのである。

ハキリアリは、まさに農業を営んでいるのだ。

ハキリアリは、五千万年前から、この地球に存在していると考えられている。

人類が農業を始めたのが、およそ一万年前と言われているから、人類よりもはるか昔からハキリアリは農業を営んできたのだ。

「栽培している」つもりが「下僕」になっている？

キノコを栽培することは簡単ではない。

まずは、取ってきた葉っぱを細かく刻み、菌床を作っていく。

キノコを育てるためには、湿度の管理が欠かせない。乾燥すれば、菌床に水を与えて湿度を保たなければならない。カビが生えれば取り除き、菌床は常に清潔に保つ必要もある。

そして、古くなった菌床は廃棄して、菌床を常に栄養豊富な状態で維持していくのだ。

世話をされているキノコにしてみれば、これ以上、快適な環境はないだろう。

ハキリアリたちに大切にされて、何不自由ない暮らしをしている。まさに王さまや貴族のような扱いだ。

これでは、どちらがどちらを利用しているのか、わからない。

はた目にみれば、**まるでキノコがアリを利用している**かのようだ。

それでは、私たち人間はどうだろう。

私たち人間が、イネやコムギを育てているのだろうか。

それとも、イネやコムギが私たち人間に世話をさせているのだろうか。

私はコーヒーをひとくち飲んだ。

私たちは、さまざまな植物の栽培化を図ってきた。これはドメスティケーションと呼ばれている。

しかし、ドメスティケーションには、「栽培化」の他にも、もう一つ別の意味がある。

それは**「家畜化」**である。

もしかすると、作物たちが都合のいいように人間を飼い慣らし、「家畜化」しているのではないだろうか。

(まさかね……)

私はコーヒーをもうひとくち飲んだ。

（ん？）

ふと窓の外に視線を感じたが、目を向けても誰もいない。
ただ、そこには見慣れないイネ科の草が生えているだけだ。
どうやら気のせいだったようだ。

私は冷め切ったコーヒーを飲み干した。

2章

「あざやかな色」でおびき寄せるたくらみ

――「熟した果実」が発するメッセージ

赤い果実は甘くささやく

遠くに、赤い色の看板を見つけた。何やら漢字が書いてあって、中華料理屋の看板に見える。

とたんに、お腹が鳴った。

もうお腹は半チャンラーメンのモードだ。

しかし、近づいてみると、それは何かの会社の看板だった。中華料理屋ではなかったのだ。ずいぶん、まぎらわしい看板だ。

（てっきり中華料理屋さんだと思ったのに……）

赤い看板に漢字が書いてあるのは、中華料理屋の定番である。

それは、もう約束事のようなものだ。

お腹は半チャンラーメンのモードで、再びお腹が鳴った。

近くを歩いて飲食店を探してみた。

気がつくと、ハンバーガーショップも赤い色をしている。ファストフードの牛丼屋も赤色やオレンジ色だ。

ファミレスも赤色やオレンジ色、黄色など暖色系の配色が多いようだ。

そういえば、居酒屋や屋台の赤ちょうちんも赤色だ。

そんなことを考えていると、無性《むしょう》にお腹が空《す》いてきた。


赤色のことを考えると、どうしてこんなにお腹が空くのだろう。

「食欲がかき立てられる色」がある

食べ物屋の看板だけではない。

食べ物は赤色があると、何となく空腹感を誘う。

たとえば、緑色だけのグリーンサラダに、ミニトマトがのるだけで、急に彩りがよくなる。確かに惣菜《そうざい》売り場でサラダを見ると、紫キャベツやパプリカなど、何となく赤色を入れているようだ。

紅ショウガも、食欲をかき立てる。

お好み焼きも青のりだけをかけるのでなく、青のりの緑色の上に真っ赤な紅ショウガをのせると、急に美味《おい》しそうになる。

牛丼もチャーハンも紅ショウガを添えると美味しそうに見える。

もし、紅ショウガがブルーだったとしたら、こんなに食欲はかき立てられないかもしれない。

赤色は熟した果実の色である。

かつて私たちの祖先は、森で果実を食べるサルであった。そのため、赤色とは「食べ物の色」なのである。

「種子散布のパートナー」に鳥が選ばれたワケ

植物の種子は栄養が豊富である。

しかし、植物の種子は固い。食べられても消化されずに、糞といっしょに排出されることがある。

たとえば、現在でも昆虫やナメクジなどが植物の種子を食べても、その一部は排出されて種子が散布されることが観察されている。

また、イチョウの実であるギンナンは臭みがあって、現在では食べる生き物が存在しない。イチョウは生きた化石と呼ばれるほど、大昔から存在している植物である。そのため、恐竜がギンナンを食べて種子を散布していたのではないかと考えられている。

進化の過程において、最初のうちは哺乳類《ほにゅう》も種子を散布する役割を担《にな》っていたらしい。しかし、結果的に多くの植物がパートナーとして選んだのは、「鳥」だった。

翼を持つ鳥は、地上を移動する動物よりも、遠くまで種子を運ぶことができる。しかも、鳥は歯を持たずにエサを丸呑《の》みするので、種子が噛み砕かれる心配がないのだ。

さらに鳥は、哺乳類に比べると、消化管が短いので、種子は消化されずに無事に体内を通り抜けることができる。

鳥は、植物にとって最良のパートナーなのである。

「食べさせて利用する」

そのために、植物が利用したのが**子房**《しぼう》である。

理科の教科書では、裸子《らし》植物は胚珠《はいしゅ》がむき出しになっているのに対して、進化した被子《ひし》植物は、胚珠が子房に包まれていると説明されている。

胚珠は種子の基《もと》になる大切なものである。そのため、被子植物は胚珠を守るために、子房を手に入れたのである。

ところが、あろうことか、被子植物は胚珠を守っているはずの子房を、鳥に食べさせるという戦略をとったのである。

「食べさせる」という戦略を発達させるために、植物は子房を美味しそうな果実へと進化させていった。

もちろん、「進化」という過程で考えると、そこに植物の意図があったわけではない。より目立つ果実や、より美味しそうな果実が、鳥に選ばれていく。

そして、鳥に選ばれた果実が、種子を広げることに成功していくのだ。

これを繰り返すことで、植物の果実は、より目立つようになり、より美味しそうになっていく。

こうして進化した美味しそうな果実は、鳥が選抜して作り出したものとも言える。しかし、結果的に「食べさせて成功する」という植物の「たくらみ」に合ったものが選び出され、植物の作戦が洗練されていくことになるのだ。

こうして鳥たちによって作り出された果実が、**「赤い果実」**である。

植物と鳥たちの間で交わされた「サイン」

人間の世界では、もっとも目立つ色である赤色が、「止まれ」の信号として用いられている。

波長の長い赤色の光は、他の色の光に比べて、遠くまで届きやすい性質があるのだ。

また、植物は緑色をしているため、緑色の対極色である赤色は、特に目立ちやすくなる。

そのため、植物は遠くにいる鳥にも識別できるように、赤い果実を選んだのである。

これに対して、まだ熟していない果実は、葉っぱと同じ緑色をしていて目立たない。また、甘味はなく、むしろ苦味や渋味を持っている。

種子が完成しないうちに食べられては困るので、未熟な果実は葉っぱと同じ緑色をして、目立たなくしている。そして、美味しくない果実で食べられないようにしているのである。

やがて種子が熟してくると、果実は苦味物質や渋味物質を消去し、糖分を蓄えて甘く美味しくなる。そして、果実の色を緑色から赤色に変えて食べ頃のサインを出すのである。

赤色は「食べてほしい」、緑色は「食べないでほしい」、これが**植物と鳥との間で交**

わされたサインなのである。

哺乳類は赤い色を識別できない

「赤い果実」は、鳥に食べさせるための植物のサインである。

残念ながら、哺乳類は、赤い色を識別することはできない。

よく、イヌやネコは色が見えないという話を耳にする。

盲導犬が赤信号を認識できるのは、赤のシグナルの「位置」を認識しているからだ。

また、闘牛士は赤い布を使うが、ウシは赤色に反応して興奮しているわけではない。

闘牛士が赤い色を使うのは、観客に目立たせて、観客を興奮させるためなのだ。

脊椎《せきつい》動物は、魚類から両生類、爬虫類《はちゅうるい》へと進化をした。

これらの生き物は、赤色、青色、緑色の光の三原色と、さらには紫外線を見ることができる。

しかし、爬虫類から進化をした哺乳類は、このうち、赤色と紫外線を識別することができなくなってしまったのである。

恐竜が大繁栄していた時代、哺乳類の祖先は、恐竜に脅《おび》えながら細々と暮らす小さな生き物に過ぎなかった。

そして、恐竜から逃れるために夜行性の生活を送っていたのである。

試してみるとわかるが、たとえば、白い色の服を着ている人は暗いところでもわかる一方で、赤い色の服を着ていると、暗いところでは何色だかわからない。夜の暗闇の中で、もっとも見えにくい色は赤色なのである。

また、太陽のない夜には、日光に含まれる紫外線もない。

そのため、**夜行性の哺乳類は、赤色と紫外線を識別する能力を失ってしまった**のである。

哺乳類は爬虫類よりも進化した存在なのだから、何も一度獲得した能力を失わなくてもよさそうな気もする。しかし、暗いところで物を見るためには、光の感度を上げる必要がある。光の感度に対する性能を高めようと思えば、不必要な能力をなくした方が、効果的なのだ。

なぜ人間は「赤色を認識」できるのか

その後、恐竜が絶滅すると、哺乳類は昼間の世界に進出するようになった。

もう、そのときには、赤色や紫外線が見えないことには、そんなに不自由しなくなっていた。そして、哺乳類は色が識別できないまま、進化をしていったのである。

しかし、不思議なことがある。

私たち人間も哺乳類である。

私たちは赤信号を見ることができるし、闘牛士の振る布も赤色だとわかる。

どうして、私たちは赤色を見ることができるのだろう。

じつは、哺乳類の中でも、サルの仲間の一部は、赤色を見ることができる。

そして、私たち人類の祖先は、哺乳類が失ってしまった赤色を識別する能力を取り戻したのだ。

サルの仲間の多くは、昆虫をエサにするが、一部の種類は、木の上にある果実をエサとするようになった。

植物の果実は、「赤い果実」というサインを鳥と交わしている。そのため、果実をエサにするためには、この「赤い」というサインを識別する必要があったのである。

やがて、赤色を識別できるようになったサルの子孫は、人類へと進化を遂げた。

「赤色が見える」という私たちの能力も、言ってみれば植物たちのたくらみの結果として作り出されたものなのだ。

なぜ「真っ赤な色素」リコピンを持つ植物は少ないか

果実をエサにしたサルの子孫である人類は、「赤色」を見ると、交感神経が刺激されて食欲がわく。

そして、飲食店の看板を赤く染めて、お好み焼きや牛丼に紅ショウガをのせるのである。

しかし、どうだろう。

果実は、赤く色づくとはいっても、私たちの身の回りの果物を見ると、完全に真っ赤な果実は少ない。

たとえば、ブドウやブルーベリーは赤色というよりは紫色である。

また、ミカンやカキは橙色《だいだい》をしている。

リンゴの「赤」は二つの色素の巧みな組み合わせ

植物の果実が一般的に持つ色素として、主には**赤紫色のアントシアニン**と**橙色のカロチノイド**がある。

これらの色素は、単に発色するだけでなく、紫外線を防いだり、抗菌活性があったり、抗酸化機能があったりと、さまざまな機能を持つ。

植物はさまざまな物質を作り出すが、それには光合成で作り出した栄養分や根っこから吸収した栄養分が必要となる。植物は成長をしたり、花を咲かせて種子を作ったりもしなければならないから、無尽蔵にさまざまな物質を作り出せるわけでもない。そうなると、アントシアニンやカロチノイドのように、多機能な物質を持つと効果的である。そのため、多くの植物は、色素としてアントシアニンやカロチノイドを用いているのだ。

残念ながら、これらの色素は真っ赤ではない。しかし、これらの色素を使って、植物は果実を赤色に近づけようとしているのである。

リンゴの果実は赤いというイメージがあるかもしれないが、よくよく見ると「赤色」ではない。どちらかというと、赤紫色である。

リンゴは、紫色のアントシアニンと橙色のカロチノイドの二つの色素を巧みに組み合わせながら、苦労を重ねて赤色を出しているのである。

トマトの赤は「アンデスの強い紫外線」が生んだ?

ところが、である。

トマトの果実はあざやかな赤色である。

トマトの色素は**リコピン**という。リコピンはカロチノイドの一種であるが、真っ赤に発色する特徴があるのである。

リコピンを持つ植物は少ない。

どうしてトマトがリコピンを持つのか、明確な理由はわからない。

ただし、リコピンは他の色素に比べて抗酸化機能に優れるという特徴がある。トマトは南米アンデスの高原地帯の原産である。アンデス地方は雨が少なく、日射量が多い。さらに高原地帯は平地に比べて太陽からの紫外線が強い。もしかすると紫外線で発生する活性酸素を除去するために、トマトはリコピンを手に入れたのかもしれない。

いずれにしても、リコピンを持つトマトの果実は、真っ赤な色をしている。

食べることをためらうほどの赤

トマトが世界に紹介されたのは、十六世紀のことである。

南米のアンデスで栽培されていたトマトは、コロンブスが新大陸を発見した後、ヨーロッパの人々に紹介された。ヨーロッパにトマトを最初に紹介したのは、アステカ帝国を征服したスペイン人のエルナン・コルテスであると言われている。

しかし、「赤い果実」であるトマトが、すぐに人々を魅了したわけではない。

トマトは、それまで人々が食用としていたブドウやリンゴなどの果実に比べると、あまりに赤すぎた。そのため、その赤色が毒々しいと敬遠されてしまったのである。

スペインから、当時スペイン領だったイタリアのナポリに伝えられたトマトは、赤い果実を実らせる珍しい植物として、貴族たちが観賞用に栽培をしていたという。ところが、空腹に耐えかねた貧しい人々がトマトを食べると、トマトが食べられることが伝わり、イタリアで食用に栽培されるようになったのである。

今でもピザやパスタなど、イタリア料理にトマトは欠かせない。

南米の限られた地域でのみ栽培されていたトマトは、今や世界中で栽培されている。トウモロコシやコムギ、イネ、ジャガイモなどデンプン源の食糧となる作物を除けば、世界でもっとも多く栽培されている作物が、トマトである。

トマトは、今や世界中の人々を魅了している。

赤い果実は、食べさせて分布を広げるためのものである。

そうであるとすれば、トマトの赤い果実は、これ以上にない成功を収めているのだ。

土の中のニンジンが「美味しそうな色」をしている理由

人間にとって「赤色」は美味しさのサインである。

だから、赤い色のものは、人間には美味しそうに見える。

だから、食べられることで殖えていこうとするたくらみを持つ植物にとっては、「赤い」ことが重要である。

この人間の好みを巧みに利用した野菜がいる。

それが、**ニンジン**である。


ニンジンの原産地は、中央アジアの乾燥地帯である。

ニンジンはそこから東回りに中国へ伝えられた東洋系の品種と、西回りにヨーロッパへ伝えられた西洋系の品種とがある。

東洋系の品種は、あざやかな赤色をしている。

この赤い色素は、トマトと同じリコピンである。

やがて東洋系の品種は、日本にも伝わった。日本で知られている東洋系の品種は、「金時《きんとき》にんじん」がそうである。金時にんじんの名前は、金太郎のモデルとなった坂《さか》田金時《たのきんとき》が力を込めたときの赤い顔に由来していると言われている。

いずれにしても、東洋系ニンジンのあざやかな赤色は、おせち料理の煮しめに使われるなど好まれている。


しかし、不思議である。

植物が果実を赤く染めるのは、鳥に気づいてもらうためのサインである。

それなのに、**どうして土の中にあるニンジンがあざやかな赤い色素を持っているのだろうか？**

すでに紹介したように、植物が持つ色素は、抗菌活性や抗酸化活性などさまざまな機能を持っている。植物はさまざまな成分を作り出すが、それらを生産するにはコストがかかる。そのため、植物は多機能な物質を作り出して多方面に活用するのである。

ニンジンは根っこを赤く染めたいわけではないが、土の中の病原菌や害虫から身を守るために作り出したリコピンが、ニンジンを赤く染めるのである。

紫色のニンジンが「橙色に進化」

一方、ヨーロッパに伝えられたニンジンは、紫色であった。

紫色の色素は、ブドウに含まれているのと同じアントシアニンである。

ちなみに、土の中にできるサツマイモの皮もアントシアニンを含む紫色である。


しかし、紫色のニンジンには問題があった。スープの具材としてニンジンを入れたとき、紫色のニンジンはあまり美味しそうに見えないのだ。

そのため、紫色の色素を含まない黄色いニンジンが作り出された。

そして、さらに黄色い品種から、私たちが知る橙色のニンジンが作り出されたのだ。

橙色のニンジンは色があざやかで、スープに入れたり、肉料理の付け合わせにしたりすると料理を美味しそうに引き立てるのだ。

人間からすれば、橙色のニンジンを作り出したと言うこともできる。

しかし、ニンジンの立場に立ってみれば、背の高い木に合わせて首の長いキリンが進化をしたのと同じように、人間の好みに合わせて進化を遂げただけの話だ。

こうして今、私たちの目の前には橙色のニンジンが存在するのである。

なぜ「東洋系」より「西洋系」が主流になったのか

真っ赤に染まった東洋系の品種は、今の日本ではあまり栽培されていない。

むしろ、橙色の西洋系の品種が主流である。

東洋系の品種は根っこが長いが、西洋系の品種は根っこが短い。

植物としては根っこが長い方が深いところから水を吸うことができるし、簡単には抜けないから、有利なような気がする。

しかし、人間にとっては違う。

根っこが短いと収穫もしやすい。しかも、短いニンジンは箱詰めしやすい。そのため、栽培しやすく、流通しやすい西洋系ニンジンが広がっていったのだ。

野菜の進化にとって重要なことは、環境に適応することではなく、「人間の好み」に適応することである。現代社会では、赤くて美味しそうに見せることよりも、いかに社会システムに適応していくかの方が大切なのである。

現代でもニンジンの進化は止まらない。

その昔、ニンジンは子どもたちの嫌いな野菜の定番だった。

野生種に比べれば、栽培されているニンジンは苦味が少なく改良されてきた。それでも、子どもたちに気に入られるまでには到らなかったのである。

現在では、ニンジン臭の少ない甘いニンジンが品種改良されている。今や、ニンジンは子どもたちの好きな野菜の上位に位置づけられている。

「人間の好みに合わせさえすれば成功できる」

ニンジンの進化は止まらないのだ。

「赤色＝甘い」というルールへの挑戦状

「赤い果実は甘い」

これが植物と鳥とが交わした約束事である。

植物の果実が赤くなるのは、鳥を呼び寄せて、果実を食べさせ、種子を運んでもらうためである。そのため、未熟な果実は緑色で身を隠し、苦い味で鳥から身を守っているのに対して、熟した果実は、赤く色づき、甘くなるのだ。

ほとんどの植物が、このルールに基づいて、果実を甘く、赤くする。

ところが、である。

このルールに反しているように思える植物がある。

それが、**トウガラシ**である。

トウガラシの実はあざやかな赤色をしている。それなのに、トウガラシは甘くはない。それどころか、食べるととても辛《から》い味がするのである。

「赤色は甘い」。これが自然界のルールである。

それなのに、どうだろう。

現代の人間の社会では、スナック菓子やラーメンなどで激辛の食品が赤色でデザインされている。

今や赤い色は、「辛い」をイメージする色になりつつあるのである。

何ということだろう。

「食べてもらう相手」を選り好みするトウガラシ

じつは、トウガラシの赤色も、他の果実と同じように「食べてほしい」というサインである。

ただし、**トウガラシは食べてもらう相手を選《え》り好みしている**ようだ。

不思議なことに、ニワトリにトウガラシを与えると、喜んで食べる。まるで辛さを感じていないかのようである。

しかし、鳥の仲間はトウガラシの辛味成分は、**カプサイシン**である。トウガラシの辛味成分は、カプサイシンを感じる受容体がないため、辛さを感じないのである。

一方、哺乳類は、辛いトウガラシを食べることができない。

トウガラシは、種子を運ばせるパートナーとして哺乳類ではなく、鳥を選んだのである。

大空を飛び回る鳥は、動物に比べて移動する距離が大きいので、植物はより遠くまで種を運ばせることができる。しかも、鳥は果実を丸呑みするので、動物のようにバリバリと種子を噛み砕くことはない。さらには、鳥は動物に比べると消化管が短いので、種子は消化されずに無事に体内を通り抜けることができる。

おそらくは、そのためにトウガラシは鳥を選んだ。そして、動物に対しては忌避《きひ》反応を起こさせるのに、鳥はまったく感じないという、絶妙な物質を身につけたのである。

辛みを感じない鳥にとって、トウガラシの実はおそらく甘い果実であるに違いない。

「辛み」に魅せられた哺乳動物＝人間の出現

トウガラシは、種子を運んでもらうパートナーとして動物ではなく鳥を選んだ。そして、他の動物には食べられないような「辛み」を進化させたのである。

ところが、である。

思いがけず、この「辛み」に魅せられた哺乳動物が現われた。

それが「人間」である。

人間は、哺乳動物に食べられないように進化したはずの辛い実を、「辛い、辛い」と言いながら喜んで食べる。

これは、トウガラシにとっては、予期せぬ幸運だった。

トウガラシに魅せられた人間は、鳥を上回る距離を移動して、世界中にトウガラシの種子を播き、トウガラシを育てている。


もともとトウガラシは、南米原産の野菜である。

トウガラシが世界に紹介されたのは、コロンブスが新大陸を発見した十五世紀以降のことである。


しかし、どうだろう。

それから何百年かの間に、トウガラシは世界中に広げられていった。

今では世界中の料理でトウガラシは欠かせない。

ヨーロッパでは、イタリア料理やスペイン料理で、トウガラシが盛んに使われる。

東南アジアの暑い国々では、タイ料理に代表されるような、トウガラシをふんだんに使った辛い料理が有名である。

カレーの本場であるインドでは、もともとはトウガラシではなく、コショウなどの香辛料を使ってカレーを作っていた。しかし、今では、トウガラシはカレーのスパイスとしてなくてはならない存在である。

マーボー豆腐やエビチリのように、中華料理にもトウガラシを使った料理がたくさんある。キムチに代表されるように、韓国料理もトウガラシをたっぷり使う。

今や世界中の人々にとって、トウガラシはなくてはならないものなのである。

分布を広げるという点で、トウガラシはもっとも成功した植物の一つであると言ってよいだろう。

「やみつきになる魔力」のヒミツ

しかし、不思議である。

トウガラシの辛みは哺乳動物に食べられないようにするためのものである。

そうであるとすれば、人間はどうして辛いトウガラシを好んで食べるのだろう。

辛いトウガラシを食べると汗は吹き出るし、唇は腫《は》れ上がる。食べ過ぎれば、胃腸の調子がおかしくなるときもある。

けっして体が好んで受け入れる食べ物だとは思えない。

ところが、食べているときはどんなにつらい思いをしても、食べ終わると、また性《しょう》懲《こ》りもなく食べたくなる。

それがトウガラシである。じつは、トウガラシの辛味は、**一度食べるとやみつきになる魔力**を持っているのである。

トウガラシを食べると辛さを感じるが、そもそも人間の舌には辛味を感じる味覚はない。

トウガラシを食べると、舌がヒリヒリするほどつらい思いをする。じつは、カプサイシンは舌を強く刺激する。そして、舌にある痛覚がそれを感じ取るのである。

つまり、**カプサイシンの「辛さ」は味覚ではなく、「痛さ」**だったのである。

痛みを与えるカプサイシンは、人間にとって危険な物質である。

そのため、痛さを感知した人間の体は、カプサイシンを排除しようと反応する。まずは、この有害な痛み物質を消化・分解して排出したり、無毒化したりしようと、胃腸が活発に動き始める。トウガラシを食べると食欲が増進するのは、そのためである。

また、カプサイシンを解毒して代謝しようと、血液もさかんに流れ始める。辛いものを食べると、体温が上がり、汗をかくのもそのためである。

こうして、トウガラシの辛味に対抗しようとすることによって、人間の体が活性化される。そのため、辛いものを食べると体も温まり、体の機能が活発化するのである。ただし、トウガラシを食べると元気になるとはいっても、それは、痛みの物質を排除するための防御反応に過ぎない。

それなのに、どうしてトウガラシの辛さは人間をやみつきにしてしまうのだろうか。

エンドルフィン分泌で「得も言われぬ陶酔感」

カプサイシンは「痛さ」を感じさせる物質である。

そのため人間の脳は、痛みを和らげようと、ついには、**鎮痛作用のあるエンドルフィンを分泌**してしまう。

エンドルフィンは、脳内モルヒネとも呼ばれ、疲労や痛みを和らげる役割を果たしている。そして、カプサイシンによる痛覚の刺激を受けた脳は、体が苦痛を感じて正常な状態にないと判断して、エンドルフィンを分泌するのだ。

その結果、人間は快楽と陶酔《とうすい》感を覚えてしまう。そして、その快楽を求めて、また辛いものを食べてしまうのである。

人間が虜《とりこ》になるのは、トウガラシの進化からすれば、予期せぬ福音《ふくいん》である。

植物にとっては、種子さえばらまかれて分布が広がれば、それでよいのだから、人間がどうして辛い果実を好むかは、どうでもよいことだ。

かくして、トウガラシたちは、人間に好んで食べられるような辛い果実をせっせと作っているのである。

「緑色＝苦い＝毒」の連想ゲーム

植物をエサにする生き物は多い。

害虫も植物の葉を食べるし、草食動物も植物をエサにする。

動けない植物は、逃げることができないから、さまざまな毒物質で身を守っている。

一方、動物の方も、誤って毒のあるものを食べないようにしなければならない。そのために発達させたものが**「苦味」**という味覚である。

「苦味」という味覚は、毒を感じ取るためのセンサーである。

私たちの味覚は、美食を味わうためのものではない。

視覚や聴覚や嗅覚《きゅう》などの五感は、エサを探したり、天敵を見つけたり、生きるのに必要な情報を得るためのものである。

同じように、味覚もまた、生きるための情報を得るためのものである。

たとえば「甘味」は、私たちにとって熟した果実を見分けるためのセンサーである。

また「塩味」は生きるために必要な塩分を感知するためのものであり、「酸味」は腐ったものを見分けるためのものである。

この味覚の中では、毒を見抜くことが生き抜く上ではもっとも重要である。そのため、**人間の味覚は「苦味」に対して、もっとも鋭敏であるように発達**している。

植物の果実は、種子が熟すと、甘くなり、赤く色づく。そうして、「食べられる」ことで種子を散布するのだ。

しかし、種子が熟さないうちに食べられてしまっては困る。そのため、未熟な果実は、葉っぱと同じ緑色で身を隠し、苦味を持って食べられないようにしている。

さて、私たちが食べる**ピーマン**は、**未熟な果実**である。

そのため、ピーマンは食べられないように苦味物質を持っている。だから、ピーマンは苦いのだ。

嫌われ者ピーマンの「複雑な味」

多くの子どもたちはピーマンが嫌いである。

ピーマンは、子どもたちが嫌いな野菜の上位に入っている嫌われ者の野菜なのだ。

しかし、考えてみてほしい。かつてサルであった人類にとって、甘味は熟した果実の味である。そして苦味は未熟な果実の味であり、毒があることを示すサインである。

子どもたちは甘いものが大好きである。一方、苦いピーマンは嫌いである。

この子どもたちの反応は、生物としては極めて正常な感覚なのである。


ところが、大人たちの味覚は複雑である。

美味しいものに食べ飽きた人間の大人たちは、より複雑な味を求めるようになった。

そして、あろうことか毒のサインである「苦味」が美味しいと言い出して、わざわざ未熟なピーマンを食べるようになったのである。

ピーマンはトウガラシの一種で、未熟なうちに収穫して食べるように改良されたものである。

緑色のピーマンは「食べられたくない」実である。

しかし、苦味がある方が人間に食べられるのであれば、ピーマンにとっても都合がよい。そのため、ピーマンは未熟な果実を食べさせる野菜として、人間に気に入られるように進化をした。

種子が熟さない未熟な果実を食べられると、植物としては子孫が残せないような気もするが、そうではない。

人間に気に入られさえすれば、人間たちはその種子を殖やして、どんどん栽培していく。

そういえば、すでに紹介したように、レタスやコマツナのような葉菜類たちも、花を咲かせて種子をつける前に人間に食べられてしまうが、それで何も問題はない。

食べられてしまった株は子孫が残せなくても、人間たちは栽培を続けるために、別の場所で育てた野菜から種子を取り、その種子を殖やしていく。

そうであるならば、植物にとっては、十分、成功なのである。

ピーマンは、「苦味」で人間を魅了して、人間を利用しているのだ。

緑色で苦いピーマンも、完熟すれば、赤くなり、甘くなる。こうして完熟して食べられるようになったのが、ピーマンの一種である**パプリカ**である。

この甘味を持った姿こそが、ピーマンの本来の「食べられたい姿」だったのである。

なぜ真っ赤なリンゴは「偽果」と呼ばれるか

リンゴは真っ赤な果実である。

私たちは真っ赤な果実を食べている。

たとえ、人間がリンゴに利用されているとしても、まぁ、人間にとっても美味しいのだから、そう卑屈《ひくつ》に考えることもないだろう。

ところが、である。

リンゴは**「偽果《ぎか》」**と呼ばれている。

「偽果」とは文字どおり、ニセモノの果実という意味である。これは、どういうことなのだろう。

私たちが食べているリンゴは、果実ではないのだろうか。

「鳥に果実を食べさせて、種子を遠くへ散布する」

これが植物のたくらみである。

もともと果実に仕立てたのは、種子を守るための子房である。

しかし、子房を食べさせれば、種子を守るものは、なくなってしまう。大切な種子を守るために、種子を守るという子房の役割を維持したい。

そのアイデアで作られたのが、リンゴの果実である。

リンゴの工夫を見てみよう。

リンゴを食べると芯《しん》が残る。そして芯の中に種子が入っている。

じつは、**この芯がリンゴの子房**である。リンゴは子房が種子を守る構造になっているのだ。

私たちが食べるリンゴは巨大だから芯が食べられるということはないかもしれないが、野生のリンゴの果実は小さい。だが、子房が種子を守っているこの形であれば、

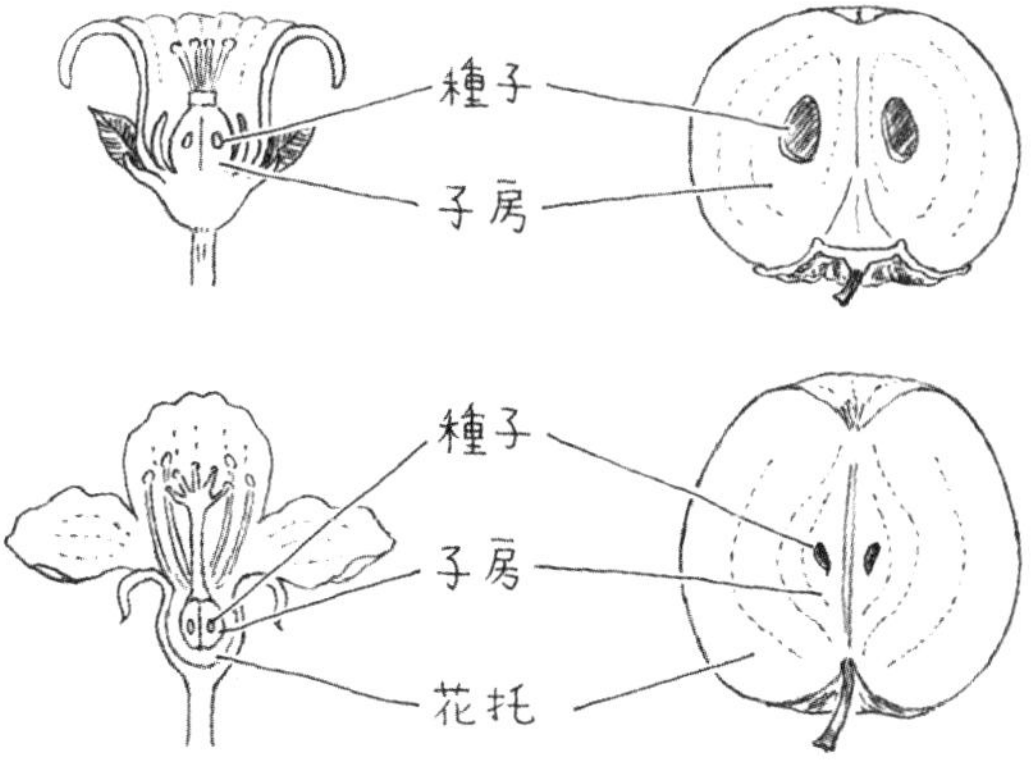

鳥に果実が食べられたとしても、種子は芯に守られたまま食べられることになる。

しかし、芯が子房だとすると、真っ赤な果実の部分の正体は何なのだろう。

じつは、リンゴの赤い実は、花《か》托《たく》と呼ばれる花の付け根の部分が、子房を包み込むようにして太ったものである。

本来、植物の実は、子房が太ってできたものである。リンゴの果実は、子房が太ったものではないので、ニセモノの果実という意味で「偽果」と呼ばれているのだ。

バラ科の植物の「種子を守る工夫」

リンゴが分類される**バラ科の植物**は、じつは進化が進んだグループである。

そのため、リンゴと同じように子房で種子を守る工夫が発達している。

バラ科の他の果実はどうだろう。


たとえば、**モモ**もバラ科の果実である。

モモの果実はニセモノではなく、子房が太ってできている。このような果実は、真の果実という意味で、**「真果」**と呼ばれている。

ただし、モモは真果ではあるが、子房の一部は種子を守る役割を担っている。

モモの果実の中に入っているタネは、ずいぶんと大きい気がする。じつは、これは種子を守るための防護カプセル（核）だったのである。


ウメもバラ科の果実である。

梅干しのタネも大きいが、これは本当の種子ではない。「梅干しのタネ」と呼ばれるものは、子房の一部が変化した種子を守るカプセルである。

ちなみに、梅干しのタネを割ると、俗に「天神さま」と呼ばれる仁《じん》が出てくるが、これが本当の種子である。また、モモの核の中からも漢方薬で「桃仁《とうにん》」と呼ばれる仁が出てくるが、この桃仁もモモの本当の種子である。

サクラもバラ科の植物である。

サクラの実はサクランボと呼ばれる。

サクランボはウメやモモのような核ではなく、果実の中に種子が入っているような気がする。

しかし、私たちが種子だと思っているものも、ウメやモモの核と同じように、子房の一部が種子を固く包んでいるものなのだ。

本当の種子は、この固い殻の中に守られているのである。

イチゴの「小さなツブツブ」の正体

イチゴもバラ科の植物である。

イチゴのアイデアも秀逸《しゅういつ》である。

イチゴの果実の表面には、ツブツブがある。

あのツブツブは、種子のようにも見えるがそうではない。

考えてみれば、種子であるならば、果実の内部にあるはずである。果実の表面に種子があるというのは、どこか奇妙な感じがする。


じつは、イチゴもサクランボと同じように果実が種子のまわりを守っている。

イチゴは、リンゴの芯と同じように子房が種子全体を包んでいる。そして、種子を包んだ子房が、まるで種子であるかのように見せているのである。

イチゴのツブツブの一つをよく見てみると、ツブの先端に棒状のものがついている。これが雌しべの痕跡である。雌しべの根元には子房がある。つまり、この**小さなツブは、種子を含んだ小さな小さな実**なのである。


それでは、イチゴの真っ赤な果実は何なのだろうか。

イチゴの果実も、リンゴと同じように、花托と呼ばれる花の付け根の台の部分が肥大してできている。つまりは、**イチゴもニセモノの果実である「偽果」**なのである。

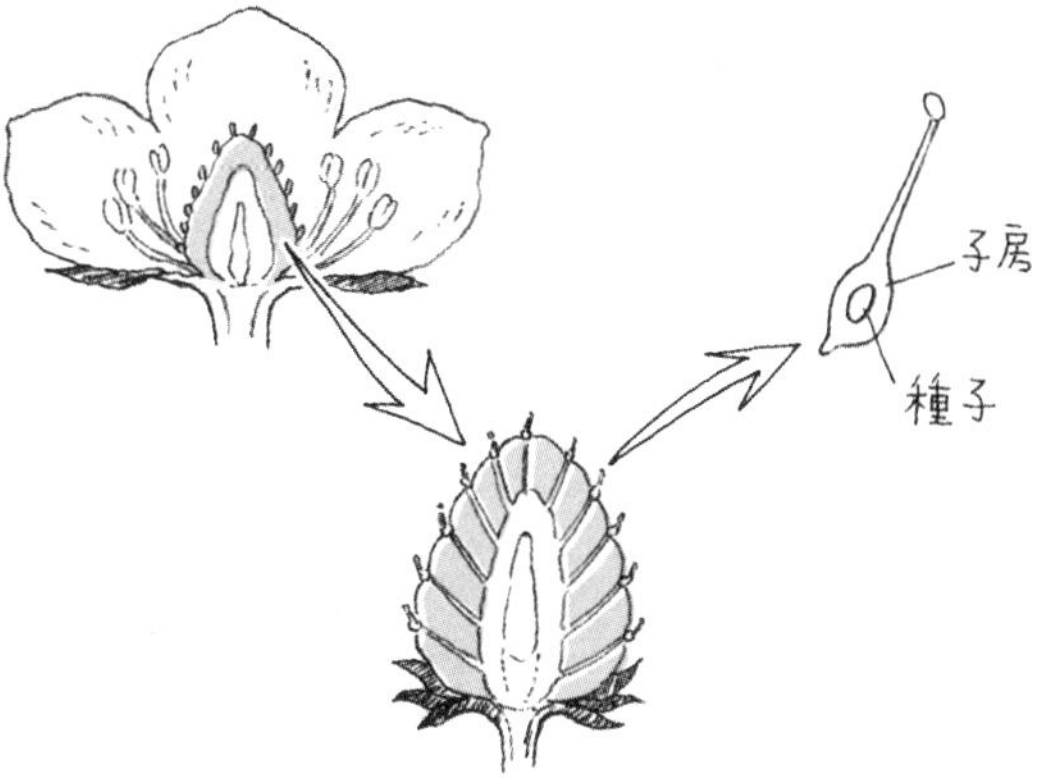

イチゴの果実を縦に切ってみると、白い筋が見える。この筋をよく見てみると、一本一本が、小さなツブツブにつながっている。

この白い筋は、花の台である花托が、イチゴの本当の実に水分や栄養分を送るためのものなのである。

植物は、種子を守っていた子房を果実に変化させて、鳥などに食べさせるという「たくらみ」を進化させた。

その中で、バラ科の植物は、鳥に食べさせる「たくらみ」を保ちながらも、子房が種子を守るという新たな工夫を、さらに進化させたのである。

考えごとをしていたら、何だか、お腹が空いてしまった。
今日はやけに、横丁の、赤ちょうちんが恋しいのは、気のせいだろうか。

誰がために花は咲く

果実を食べていたサルの子孫である人間は、色を識別することができる。

たとえば、緑色や青色を人間は心地よく感じる。

緑は森の中の色である。青は晴れた空の色である。

緑色や青色は、「生活するのに適した条件」であることを示す色なのだ。


そして、さまざまな色の中でも「赤色」を識別することができるのが、サルの子孫である人間の特徴だ。

だから「赤色」は、何にも増して美しい。

赤い夕焼け空も美しい。

赤く色づいた紅葉も美しい。

そして色づいた花も美しいのである。

人間が赤色を識別するのは、赤く熟した果実が食べ物として優れているからである。

花がどんなに美しくても、人間が生きていく上では、まったく意味はない。

しかし、美しい色は生きていく上でよい環境を意味している。そのため、人類は植物の花を「美しい」と感じるようになったのだ。


意味がない、という点で言えば、植物にしてみても同じである。

植物の花が美しく色づくのは、昆虫たちに目立たせるためである。緑色の葉っぱと識別してもらうために、植物は黄色や赤色に色づき、他の花よりも目立つために、その色をよりあざやかにしていったのだ。

色づいた果実を愛する人類と、昆虫のために花を咲かせる植物は、まったくのすれ違いである。

ところが、人類は美しい花に心を惹《ひ》かれた。

そして、植物もまた、昆虫に好かれるよりも、人間に好かれた方が、子孫繁栄の上では成功できるということに気がついたのだ。

こうして人類は花を愛し、植物の花は人間に愛される道を選択した。

その結果、食べられもしないさまざまな花々が、人間に栽培されるようになったのだ。

パンジーやチューリップがカラフルに進化したワケ

人間はさまざまに品種改良を行ない、植物は人間の欲求を満たすように、姿かたちを変えていった。

それだけではない。

どうやら植物は、**色々な色がある方が人間は喜びそうだ**ということに気がついた。

そして、さまざまな種類の色を作り始めたのだ。

たとえば、栽培されているキクは、もともとはタンポポと同じ黄色がベースになっている。この黄色は、アブの仲間を呼び寄せやすい色だ。

しかし、栽培されるキクにとって大切なことは、アブを呼び寄せることではなく、人間に気に入られることである。そのため、黄色の花色の上に、さまざまな色素を組み合わせて、さまざまな花色を生み出した。

パンジーなどスミレの仲間は、基本は紫色をベースにしている。紫色はハチが好む色である。そのため、紫色の花でハチを呼び寄せているのである。

しかし、パンジーやビオラなどスミレの仲間の園芸種は、花色のバリエーションが豊かである。ハチを呼び寄せる上では紫色が優れているが、人間を喜ばせるためには、紫色にこだわらない方がよいのだ。

チューリップも原種は赤色の花だったと考えられている。しかし、花壇では色とりどりのチューリップが花を咲かせている。

これは人間が改良したのだといえば、そのとおりである。

しかし、植物が言うことを聞かなければ、新しい色は生まれない。

「昆虫に気に入られる花」ではなく、「人間に気に入られる花」という進化の方向性ができあがって、さまざまな色の花が作られていったのである。

3章

「働きづめにさせる」たくらみ

——「富への渇望」を煽ったイネ科植物

すべては「一粒のヒトツブコムギ」から始まった

私たちは毎日、仕事に出掛ける。

ある人は満員の電車に揺られ、ある人は車の渋滞に巻き込まれながら、仕事に行く。

仕事をすることは、現代を生きる私たちにとって、当たり前のことだ。

しかも、定時に仕事が終わる人は少ない。毎日、毎日、残業をし、家に帰って睡眠を取れば、また翌日も仕事である。

私たちは、何のために仕事をするのだろう?

突き詰めれば、それはお金のためだ。

私たちが暮らしていくためにはお金がいる。

毎日、生活をするためにもお金がいるし、欲しいものを手に入れるためにもお金がいる。

私たちには、お金が必要である。

できれば、もっとお金が欲しい。そのためには、もっと働かなければならない。

「もっともっと」を求めて、私たちは「もっともっと」と働く。

こうして私たちはお金のために人生の大部分の時間を費やしていくのだ。

隣を見れば、ネコが気持ちよさそうに眠っている。

ネコは一日の大半をのんびりと過ごしている。

どうして、私たち人間は、こんなに働かなければならないのだろう。

私たちは、ネコよりも幸せな生き物なのだろうか？

ことの発端は「一万年前のメソポタミア」

もしかすると、それは、「一粒の種子」から始まったのかもしれない。

一万年前のメソポタミアで、ある事件が起きた。

「**農業」が始まった**のである。

人類が進歩してくれば、農業を営み、文明を築くのは自然なことだと思えるかもしれないが、そうではない。

農業は多大な労働を必要とする。本来は、そんな大変な農業などやりたくないのだ。

それでも人類が農業を始めたのには、理由がある。

想像してみよう。

農業はどのような場所で始まるだろう。

豊かで生活に余裕のある場所で始まるだろうか、それとも、貧しくて生活が苦しい場所で始まるだろうか?

豊かで余裕がある恵まれた場所の方が、農業が発展するようにも思えるが、実際にはそうではない。

人間にとって、農業は重労働である。

もし、豊かで生きていくのに何不自由のない暮らしが約束されているのであれば、わざわざ重労働の農業など始める必要はない。

たとえば、豊かな森や豊かな海に囲まれた南の島であれば、人々は農業など行なわなくてもよい。実際に、南の島々では、近代になって文明が持ち込まれるまで、ずっとそんな暮らしをしてきた。

農業が始まるための「意外な条件」

農業が始まったのはメソポタミアであると言われている。

そこは、現在では中東地域にあたる場所だ。つまりは砂漠地帯である。

ただし、農業が始まったのは、大河の流れる**「肥沃《ひよく》な三日月地帯」**であったとされている。「肥沃な三日月地帯」とは言うものの、実際には砂漠地帯である。砂漠地帯の中では「肥沃な場所」であったに過ぎないのだ。

もっとも、そんな場所でも人々は農業なしに暮らしていた。

ところが事件が起こる。

この頃、地球の気候が大きく変化し、乾燥化や寒冷化が進んだのである。それまで各地に分散していた人々は、少しでも生活環境のよい場所を求めて、川のまわりに集まってきた。そこが肥沃な三日月地帯である。

その場所で農業は始まった。

そこは、何もしないで生きていけるほど豊かな場所ではないが、頑張れば何とか生きていけるような場所だったのである。

「頑張れば、何とか生きていける」

これこそが、農業が始まるための条件だったのだ。

そして、農業は好きで始まったわけではない。おそらくは、生きていくために、やむにやまれず始まったのである。

「蓄えておける価値」をもたらした植物

人々は、生き抜くためにさまざまな工夫をし、さまざまな生きる術《すべ》を発達させた。

最初に始まったのが、家畜を飼養《しよう》する牧畜であった。

それまで狩りの対象であったウシやヤギなどの草食動物を、自分たちのまわりで飼うことができれば、いつでも肉を手に入れることができる。また、生かしたまま乳を搾《しぼ》れば、家畜を失うことなく食糧を手に入れ続けることができるのである。

一方、植物はどうだったろう。

農業が始まったメソポタミアは、乾燥地帯で、植物の種類は限られている。

そこは、ウシやヤギなどしか食べられないような**イネ科の植物の草原**が広がっていた。そして、そこにコムギの祖先種となるヒトツブコムギという植物が生えていたのである。

人類の歴史で「もっとも偉大な発見」

コムギの祖先種があるなら、それは食糧になっただろうと思うかもしれないが、実際は、そんなに簡単な話ではない。

なぜなら、野生の植物は、種子が熟すとバラバラとその種子をばらまいてしまう。何しろ植物の種子は小さいから、そんな小さな種子を一粒ずつ拾い集めるのは、簡単なことではない。植物の種子を食糧にするのは、簡単ではないのだ。

ところがあるとき、その時代の誰かが、人類の歴史でもっとも偉大な発見をした。それが、**種子が落ちない突然変異を起こしたヒトツブコムギの発見**である。

生物は、あらゆる環境に適応するために、常に一定の割合でさまざまな突然変異を起こしている。

熟した種子が落ちる当たり前の性質を**「脱粒性《だつりゅうせい》」**と言う。自分の力で種子を散布する野生植物にとって、脱粒性はとても大切な性質である。

これに対して、種子の落ちない突然変異は**「非脱粒性」**と呼ばれる。人類は、この珍しい非脱粒性突然変異を発見したのだ。

もっとも、種子が熟しても地面に落ちないと、自然界では植物は子孫を残すことができない。そのため、「種子が落ちない」という突然変異は、ヒトツブコムギにとって致命的な欠陥である。そんな突然変異を起こしても、その個体が子孫を残せる可能性はほとんどないのだ。

ところが、発見した人間にとって、これはとてつもなく価値のあるものであった。

何しろ、種子がそのまま残っているのであるから、これを収穫すれば、簡単に食糧にすることができるのだ。

それだけではない。「非脱粒性」のヒトツブコムギの種子を播けば、その子孫は、「非脱粒性」の性質を持っているかもしれない。こうして、種子を播いていけば、それまで食糧にすることが叶《かな》わなかったイネ科植物の種子を、食糧にすることができるのだ。

こうして農業が始まったのである。

「将来の実り」を約束してくれるもの

人間の胃袋というものは、比較的、平等である。

どんなに欲張ってみても、お腹いっぱいになれば、それ以上には食べられない。たまに大食いの人もいるが、それでも一般の人の二倍も食べれば満たされることだろう。

人類が狩猟採集で食糧を得ていた時代、たとえ、たくさんの食糧を得たとしても、それを保存しておくことはできなかった。食べきれない肉や果実はやがて腐ってしまう。そのため、食べきれずに余った分は、他の人へ分配するしかなかったのである。

こうして食糧を分かち合っていれば、自分が食べるものがないときには、誰かが分けてくれる。**食糧は、「分かち合うもの」**だったのである。

ところが、植物の種子は違う。

植物の種子は、長い間、土の中で眠り続けた後に芽を出すことができる。

つまり、**種子は腐ることがなく、保存しておくことができる**のである。

これは、人間にとっては、都合のいい特徴だ。

何しろ、そのときに食べなくても、「将来の実り」を約束してくれるものである。

しかも、長く保存できるから、たくさんあっても何も困らない。

もう人と分け合う必要などないのだ。

これこそが、**蓄えておける価値、「富」の誕生**である。

「持てる者」と「持たざる者」の誕生

農業とは労働である。

たくさん働く人は、たくさんの種子を得ることができる。つまり、働けば働くほど、富を増やすことができるのだ。

こうして、人々は「労働」に従事していくようになった。

やがて、イネ科植物の種子をたくさん持つ人と、イネ科植物の種子を持たない人が現われる。種子を持たない人が種子を分けてもらうためには、何か、対価を支払わなければならない。

農業を行なうには、労力がいるが、種子を持つ人は、種子を持たない人たちに言うことを聞かせて、「対価＝労働力」として働かせることができる。

たくさんの労働力があれば、たくさんの畑を作ることができ、遠くから水を引いてくることもできる。

こうして、種子を持つ人は、ますますたくさんの種子を持つ人となっていく。


人間の胃袋には限界があるが、貯めておくことのできる「富」に際限はない。

食糧として十分な種子を得たとしても、人間は「もっともっと」とヒトツブコムギを作り続けた。

こうなると、人間の欲望はとどまることがない。

人々は働いたり、働かせたりし続けた。十分と思える富を得たとしても、働くことをやめず、むしろもっともっと働き続けた。やがて、技術は発達し、文明は栄え、人々は現在のような豊かな暮らしを営むことができるようになった。

だからこそ私たちは、限りのない何かを求めて、働き続けなければならないのだ。

アフリカで誕生した人類は、「グレートジャーニー」と呼ばれる長い年月をかけた壮大な移動を経て、世界中に広がっていった。

世界にはさまざまな環境がある中で、メソポタミアで農業が始まったのはどうしてだろう？　それには、イネ科植物の進化が関係している。

イネ科植物の進化に思いを馳《は》せてみよう。

「乾燥した草原」でのサバイバル

イネ科植物は、もっとも進化したグループの一つであると言われている。

イネ科植物は、乾燥した草原環境で発達を遂げた植物である。

草原は、植物にとっても過酷な環境である。

植物にとっても、乾燥した大地で生きていくことは簡単ではないのだ。

しかし、植物が戦わなければならない相手は過酷な環境だけではない。

植物は他の生物のエサになる存在である。

木々が生い茂る深い森であれば、すべての植物が食べ尽くされるということはない。

しかし、草原に生える植物は少ない。草食動物たちは、生き残りをかけて、限られた植物を奪い合って食べあらす。

荒地に生きる動物も大変だが、植物の立場に立ってみれば、そんな草食動物の脅威にさらされている中で身を守らなければならないのだ。

動物に食べられないようにするためには、毒で身を守るという方法もある。

しかし、毒を生産するためには、根から吸った栄養分を材料として使わなければならない。

じつは、毒で身を守る方法は、植物にとっては、贅沢《ぜいたく》な身の守り方である。

やせた大地に育つイネ科植物にとって、それは簡単なことではない。

イネ科植物の葉が「固くて、不味い」ワケ

そこで、イネ科植物は葉を固くするという方法を採用した。

じつは、土の中には、ガラスの原料にもなる**ケイ素**という物質が含まれている。このケイ素は、吸収しても栄養にならないので、多くの植物はケイ素を吸収して利用することはない。しかし、イネ科植物はこのケイ素を積極的に吸収することを試みた。

そして、ケイ素で葉をガラスのように固くして身を守ろうとしたのである。

さらに、イネ科植物は、葉の繊維質を多くして、食べられても消化されにくいようにした。

「固くて美味しくない葉っぱ」に進化したのである。

イネ科植物の工夫は、それだけではない。

イネ科植物は、他の植物とはまったく異なる姿かたちをデザインした。

普通の植物は、茎の先端に成長点があり、新しい細胞を積み上げながら、上へ上へと伸びていく。

ところが、このスタイルでは、草食動物に茎の先端を食べられると大切な成長点がダメージを受けることになる。

そこで、イネ科の植物は成長点を低い位置に置いている。驚くことに、イネ科植物の成長点があるのは、地面の際《きわ》である。

イネ科植物は、**茎を伸ばさずに根元に成長点を持ちながら、上へ上へと葉を押し上げる**。このスタイルであれば、いくら食べられても、葉っぱの先端を食べられるだけで、大切な成長点が傷つくことはないのである。

工夫はそれだけにとどまらない。

成長点が地面の際にあるので、大切な栄養分は成長点に近い根っこに蓄えるようになった。そして、**葉っぱは、ほとんど栄養のない状態にした**のである。

草食動物にとって、イネ科植物は、「固くて、美味しくなくて、栄養がない」葉っぱである。

エサとしての魅力を失うことで、イネ科植物は草食動物の食害から身を守ろうとしたのである。

草食動物のリベンジ――「反芻+微生物発酵」

しかし、草食動物の方も黙ってはいない。

何しろ、草原にはイネ科植物ばかりが生えている。どんなに固かろうと、どんなに栄養がなかろうと、このイネ科植物を食べなければ、生きていくことができないのである。

そのため、草食動物たちは、イネ科植物をエサにするための必死の進化を始めた。

まず**固い葉をすりつぶすような、丈夫な歯**を発達させた。

しかし、何とか胃腸に送っても、固くて消化しにくい上に、栄養はない。

そこで、草食動物は、**胃腸の中で微生物を働かせて、イネ科の植物を分解するという方法**を発達させた。


たとえば、ウシの仲間は胃を四つ持つことが知られている。

まず一番目の胃は、容積が大きく、食べた草を貯蔵できるようになっている。そして、胃の中の微生物が働いて、草を分解する発酵槽の役割をしているのである。

二番目の胃は、食べ物を食道に押し返す働きをしている。そして胃の中の消化物を、もう一度、口の中に戻して咀嚼《そしゃく》する反芻《はんすう》という行動をするのである。牛がエサを食べた後、寝そべって口をもぐもぐとさせているのは、この反芻をしているのである。

さらに三つ目の胃は、食べ物の量を調整して、食べ物を一番目の胃や二番目の胃に戻したり、食べ物をさらにすりつぶして、食べ物を消化吸収する役割がある四番目の胃に送ったりしている。こうしてイネ科植物を前処理して葉をやわらかくし、さらに微生物発酵を活用して栄養分を作り出しているのである。

ウシだけでなく、ヤギやヒツジなどの草食動物も反芻によって植物を消化することが可能になった偶蹄目《ぐうていもく》の動物である。

ウシやウマの「体の容積」が大きい理由

一方、ウマは偶蹄目ではなく、奇蹄目《きていもく》に分類される動物である。

ウマは胃が一つしかない。その代わり、長く発達した盲腸の中で、微生物が植物の繊維分を分解するようになっている。

ただし、この方法は偶蹄目の動物の反芻に比べると、効率が悪いようである。

現在、草原で暮らす草食動物は、偶蹄目の動物が占めている。

このように、草食動物は、さまざまな工夫をしながら、固くて栄養価の低いイネ科植物を消化吸収し、栄養を得てきた。

しかし、不思議なことがある。

栄養のほとんどないイネ科植物だけを食べているにしては、ウシやウマは体が大きい。どうして、ウシやウマはあんなに大きい体を維持できるのだろうか。

イネ科植物は固くて栄養がない。そのため、イネ科植物を消化するためには、食べたものを大量に貯蔵して、ゆっくりと消化しなければならない。そして、四つもある胃や、長く発達した盲腸のような特別な内臓を持たなくてはならないのだ。

さらに、栄養の少ないイネ科植物から栄養を得るためには、大量のイネ科植物を食べなければならない。

この、大容量で発達した内臓を持つためには、容積の大きな体が必要になる。

イネ科植物をエサにするウシやウマは、体を大きくしなければ生きていけなかったのである。

「牧畜」——イネ科植物の画期的利用法

こうして、食べられたくないイネ科植物と、食べなければ生きていけない草食動物は、競い合うように進化をしていった。

そして草が生え、草を食《は》む草食動物が暮らす草原の環境が作られていったのである。

農業が始まったメソポタミアは、まさにそんな乾燥した草原地帯だった。

草原で食べ物がないのは、人類も同じである。

人間はイネ科植物の葉を食べることはできない。

そこにいたのは、イネ科植物の葉を食べて暮らす草食動物であった。

しかし、狩りをして草食動物を獲れればよいが、それは簡単ではない。

そこで人々は、草食動物を飼育することを始めた。

「牧畜」の誕生である。


人間はイネ科植物の葉を食べることはできないが、草食動物にそれを食べさせれば、肉や乳などを得ることができる。結果的に、たくさんあるイネ科植物を利用することができるのだ。

しかも草原の草食動物は、家畜として優れた特性を持っている。

草原で暮らす草食動物は、肉食動物から身を守るために群れで行動をする。そのため、群れのリーダーに対して従順である。リーダーが人間に代わったとしても、おとなしく従う性質を持っているのだ。

さらには、群れで行動しているから、高い密度で飼育することもできる。草原で進化をした草食動物は、家畜として優れた性質を身につけていたのである。

牧畜が始まってからも、イネ科植物は、人間にとって食べることのできない植物であった。

しかし、人間はやがて、種子を落とさないイネ科植物を発見して、栽培をするようになる。そして、イネ科植物のために「労働」を続けることになったのだ。

さて、イネ科植物の中で日本人にもっとも関係の深い植物は何だろう。

それはもちろん「イネ」である。

「実るほど頭《こうべ》を垂《た》れる稲穂かな」という慣用句があるが、そういえば、イネもまた重い稲穂を垂れ下げても、種子を落とさないイネ科植物である。

もしかすると、イネもまた、私たち日本人の生活に何か影響を及ぼしているのだろうか。

滅私で尽くさせるのが当然――「田んぼのイネ」

外国人から「うさぎ小屋」と揶揄《やゆ》される小さな家に住み、すし詰めの満員電車に揺られて会社に行く。これが日本人である。

それもこれも、日本の国土が狭すぎるのが原因だ。

いや、国土が狭いわけではない。人が多すぎるのだ。

日本だけでなく、アジアの国々は人口密度が高い。

どうしてこんな狭苦しい思いをして、人ごみの中で生きていかなければならないのだろう。

もっとも、日本の人口密度が高いのは、最近の話ではない。

江戸時代、江戸の街は人口百万人を有していた。この頃、ロンドンやパリは、四十万人程度の都市だったから、江戸は飛び抜けて巨大な都市だったのである。

新天地として開拓されたアメリカは別にして、歴史のあるヨーロッパと比べてみても、日本は過密なイメージがある。

ヨーロッパの国々では、少し郊外に出れば、広々とした田園風景を楽しむことができる。ヨーロッパを旅行して日本に帰ってくると、あまりの過密ぶりに、げんなりさせられる。

もし、それが「イネ」のせいだとしたら、どうだろう?

ヨーロッパの田園風景が広々としているワケ

ヨーロッパの田園風景を見ると、広々とした畑が一面に広がっていて、遠くの方に村が見える。よくよく考えてみると、村の人たちが暮らしていくのに、これだけの面積の畑が必要だったということなのである。

一方、日本はどうだろう。

江戸時代の村を見ても、すぐ隣に別の集落が見える。
これは、**狭い面積の田んぼで村の人たちが暮らしていけた**ということなのである。

ヨーロッパはムギ類を作っている。化学肥料や農薬が発明されるまでは、ムギは毎年同じ場所で作ることができなかったから、畑をローテーションしてムギを作った。これが「三圃式《さんぽしき》農業」と呼ばれるものである。つまり、数年に一度しかムギを作ることができなかったのだ。

しかも、ムギ類が栽培できない場所も多かったから、そんな土地は牧草地にして家畜を放牧した。そのため、広大な面積を必要としたのである。

「収量の多さ」は作物中ピカ一

一方のイネはどうだろう。
日本の田んぼでは、当たり前のように、毎年イネを育てている。
一般に作物は、同じ場所で連作することができないから、田んぼのイネのように、毎年栽培できるというのは、じつに驚異的なことなのである。
それだけではない。昔はイネを収穫した後に、コムギを栽培する二毛作を行なった。ヨーロッパでは数年に一度しかコムギが栽培できないのに、日本では一年間にイネとコムギと両方を収穫することができたのである。
それだけではない。**イネは、作物の中でも、際立って収量の多い作物**である。ムギ類に比べてずっと多い収穫を得ることができるのだ。

そういえば……。

私はコーヒーを飲んだ。

日本ではいったい、どれくらいの数のイネが栽培されているのだろう?
まさか、人間の数より多いということはないだろう。

私は計算してみることにした。

栽培方法によってさまざまだが、田んぼ一平方メートルでは、イネの苗は一九ほど植えられている。ちなみにイネの苗は、二本がいっしょに植えられている。つまり、一平方メートルにイネは三八本あることになる。

日本の水田面積はおよそ四三五万ヘクタール。一ヘクタールは一万平方メートルだから、これをかけ算すると……。

（えっ！）

私は目を疑った。

その数は、一六五三〇〇〇〇〇〇〇〇〇〇、つまり一・七兆だ。

これは、日本の人口の一万倍以上である。

よく、過疎の島などが、「人よりも牛の方がたくさんいる島です」と紹介されることがあるが、日本列島は人よりもイネの方が多い島だったのだ。

いやいや、こんな横道にそれてばかりいるから、考えがまとまらないのだ。

私はコーヒーをもうひとくち飲み直した。

手を掛ければ掛けるほど実りが多くなるイネ

ムギ類は、イネに比べると収量が限られている。

たくさんの収穫を得ようと思えば、畑を広げていくしかない。そのため、ヨーロッパでは、畑の拡大が行なわれていった。

そして領土を求めて戦争を繰り返し、植民地を求めて海を渡り、アメリカやオーストラリアのような広大な開拓地を作り上げていったのである。


しかし、イネは違う。

田んぼのイネは手を掛ければ掛けるほど、実りが多くなる。

そのため、新たに田んぼを作るのもいいが、やみくもに面積を広げるよりも、今ある田んぼに手を入れた方がいい。

こうして日本の人々は、外に目を向けるよりも、自分の田んぼで収量を増やすことに力を注いでいった。

日本人が、内向きだと言われても、それは仕方がない話である。

それもこれも、すべては、イネのせいなのだ。

イネにとって日本人ほど「ありがたい人々」はいない

欧米は個人主義であるのに対して、日本は集団主義であると言われる。

欧米では、個人の意見を主張することが求められるのに対して、日本では、「みんなといっしょ」であることが求められる。

世間では「個性が大事」とは言うが、結局のところは個性よりもみんなと協調して「同じ」であることの方が大切なのだ。

他人より優れた人を目指すよりも、「空気を読んで、できるだけ目立たないようにする」、それが日本人である。

それもまた、イネのせいである。

とにかく、日本人ほど米を愛している人々は他にいない。

米は日本人の主食である。主食の米に副菜をつけるのが、日本の食事の基本だ。ラーメンを食べるときも、うどんを食べるときも、ハンバーグを食べるときも、とにかくご飯を食べる。

米のおむすびさえあれば、もう何もいらないという人もいるし、「米をおかずに米を食う」というほど米好きな人もいる。

アジアの国々でも米を食べるが、それらの国では、米はたくさんある食材の一つである。

中国でも、チャーハンなどの米料理はあるが、それはたくさんある料理の一品でしかない。日本の中華料理のように、ギョウザやめん類といった炭水化物にご飯をつけるようなことはないのだ。

韓国は焼き肉のイメージが強いが、肉はサンチュなどの葉菜で巻くなど、野菜や薬味といっしょに食べる。ご飯を食べるとしても、ほんの少しの量だ。焼き肉を食べると山盛りのご飯が欲しくなるのは日本人くらいだ。

日本人ほど米を愛している人々はいない。

そして、イネにとってみれば、日本人ほどありがたい人々もいないのだ。

イネが「日本人の性質」を改良した？

もっとも、米好きな人たちが、昔からお腹いっぱい米を食べていたかというと、そうではない。

イネは熱帯原産の植物である。そして、日本はイネの栽培の北限にあたる土地である。そのため、日本でイネを作ることは簡単ではなかった。遠い昔から人々は「寒さに強いイネ」を選抜してイネを作り続けてきたが、それでも冷害になれば、米は収穫できなかった。

日本人は米を愛していたが、米にあこがれ、米を食べることを切望していた人々でもあったのである。

そんな日本では、ただ種子を播いておけば、イネが勝手に育つということはない。日本でイネを育てるためには、みんなで力を合わせる必要がある。

まず、田んぼを拓《ひら》き、田んぼに水を引くための水路を引かなければならない。雨が多い日本では水を引かなくてもよいような気もするが、川にたくさんの水が流れていても、川の水を引いてこなければ、田んぼに水をためることができないのだ。

水を引くような大工事は、とても一人ではすることができない。大勢の人々の協力によって川から村まで水を引くことができるのだ。

こうして作った用水路から、田んぼに水が配られていく。すべての田んぼは水路でつながっているから、自分の田んぼにだけ勝手に水を引くことはできない。

自分勝手な振る舞いは「我田引水《がでんいんすい》」と呼ばれるが、それは、自分の田んぼだけに水を引くという意味だ。

さらに種子を田んぼに直接播いてもうまく育たなかったり、雑草に負けてしまったりするから、苗を作って田植えをする。そして、イネを収穫する作業も多大な労働力を必要とする。

そのため、村中総出で協力し合って、イネを作ってきた。

こうして、日本人は力を合わせてイネを作り続けてきたのだ。

そこに個性は必要ない。個人の意見も必要ない。必要なのは、みんながいっしょに力を合わせることなのだ。

海外の人たちには海外の人たちのよさがあり、日本の人たちには日本の人たちのよさがある。何でも海外の人をうらやめばよいというものではないし、他人の気持ちに気を配って空気を読むことが悪いわけでもない。

力を合わせることの大切さを知っている日本人の協調性は、世界に誇るべきものでもあるだろう。

それにしても……。

私はコーヒーをひとくち飲んだ。

稲作の歴史を振り返ったとき、日本人は本当に「イネ」を改良してきたのだろうか？

イネの方が、稲作に適するように「日本人」を改良してきたのではないだろうか？

4章

「世界中に運ばせて」殖えるたくらみ

――マメ科植物が「文明の発展」の陰で暗躍していた？

「莢がはじけない豆」の不思議

イネ科植物に次いで栽培化が進められたのが、**マメ科植物**である。

マメ科植物も、イネ科植物と同じように、一年に一度、確実に種子を生産する。

そして、マメ科植物もイネ科植物の種子と同じように保存ができる。

人々はイネ科植物の栽培化に成功すると、同じ方法で、マメ科植物の栽培化を行なった。

マメ科植物は、種子が熟すと莢《さや》がはじけて種子をばらまく。

そこで、莢がはじけない、植物としては異常な突然変異を見つけ出して、その種子を殖やしていったのである。

こうして、マメ科植物は栽培化が進んでいったのである。

しかし、人々が意識していたかどうかはわからないが、栽培化の過程で密かに変化が進行していったものがある。

それが、マメ科の花である。

マメ科植物が「蝶形花」に進化したワケ

植物は、裸子植物から被子植物へ進化を遂げる過程で、風で花粉を運ぶ**風媒花**《ふうばいか》から、効率よく昆虫に花粉を運ばせる**虫媒花**《ちゅうばいか》へと進化を遂げた。

しかし、イネ科植物が進化を遂げた乾いた大地には、花粉を運んでくれるような昆虫は少なかった。せっかく虫媒花に進化をしても、昆虫がいないのでは花粉を運ぶことはできない。

一方、草原は大きな木々もないので、風だけは吹き抜けていく。さらには、乾燥した草原で生き抜ける植物は少なかったので、イネ科植物が一面に生えることができる。

風媒花は、風で飛んだ花粉がどこに行くかわからないという不安定さが問題だが、まわりに仲間の植物しか生えていないのであれば、花粉がどこに飛んでいってもいい。そのため、イネ科植物は、虫媒花から、古いスタイルである風媒花に進化し直しているのである。

かつて、水の中にいた魚は、陸に上がって両生類や爬虫類へと進化をしたが、さらに進化した哺乳類のクジラは、再び魚と同じような生活をしている。

イネ科植物も、もっとも進化したスタイルではあるが、試行錯誤の進化の末、古いスタイルを採用しているのである。

一方、マメ科植物は昆虫を活用するスタイルに磨きをかけていった。

何しろ、マメ科植物は草原を形成するイネ科植物のように一面に生えているわけではない。ハチが選んで花粉を運んでくれていれば、遠く離れて咲いていても花粉を運ぶことができるのだ。

進化したマメ科植物は、チョウが羽を広げているような形の花を咲かせる。その姿から、マメ科植物の花は、**「蝶形花《ちようけいか》」**と呼ばれている。

蝶形花は、旗弁《きべん》と呼ばれる花びらが上に一枚あり、左右に雄しべと雌しべを囲む花

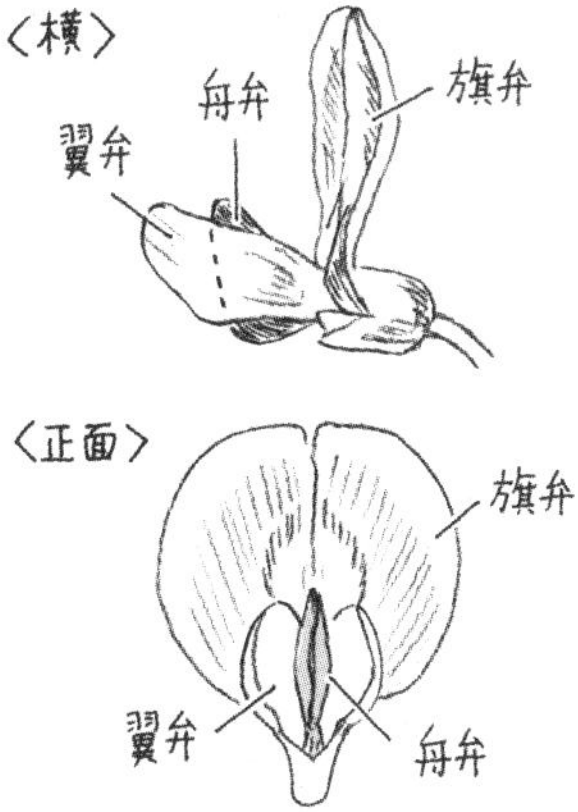

びら（翼弁）が二枚、花の下側に花びら（舟弁）が二枚あって、合計で五枚の花びらで複雑な形の花が作られている。
　旗弁は文字どおり、訪れるハチなどの虫に「花のありか」を教える目印となる旗の役割をする花びらである。
　旗弁を目指してやってきたハチが下側の花びらにとまると、下側の二枚の花びらがハチの重みで押し下げられて、花が開く。すると、花を囲む二枚の花びらがガイドとなり、蜜のありかへの道が開かれて、ハチは花の中の蜜を吸うことができるようになっているのだ。
　ハチの重みで下側の花びらが開くと、蜜への入口が開かれると同時に、中から雄しべと雌しべが飛び出す。そして、蜜を吸おうとするハチの腹に花粉をつけるのである。

「甘い蜜」でハチに猛アピール

どうして、マメ科の植物の花は、こんなに複雑な構造をしているのだろう。

植物の花には、さまざまな昆虫が訪れるが、中でも**もっとも優秀なパートナーはハチ**の仲間である。

ハチの仲間は、他の昆虫に比べると飛ぶ力が優れていて、遠くまで飛ぶことができる。

また、ミツバチのような家族で暮らしているハチは、自分の分だけでなく、家族の分の蜜も集めるため、たくさんの花を飛び回る。たくさんの花を飛び回るということは、植物にとっては、それだけ受粉の機会が多くなることになる。

それだけではない。

ハチは他の昆虫にはない優れた特性がある。

それは、頭がよく、花の種類を識別することができるという能力だ。

植物は、同じ種類どうしで花粉をやりとりしなければ、受粉して種子を作ることができない。せっかく昆虫の体に花粉をつけたと思っても、まったく別の種類の花に飛んでいくのであれば、風で飛ばすのとあまり変わらない。雌しべの方にしてみれば、他の植物の花粉をつけられても、正常な受粉の妨げになるだけである。

そのため、やみくもに花を回られても困るのである。

ところが、ハチは花の種類を識別する。そして、同じ種類の花に飛んでいって、花粉を運んでくれるのである。

そのため、植物たちは魅力的な甘い蜜をたっぷり用意して、ハチに猛アピールするのだ。

レンゲやクローバー、アカシアなど、ハチミツの銘柄として有名な植物は、いずれもマメ科の植物である。

そしてハチたちが、レンゲだけを回ったり、クローバーだけを回ったり、それぞれの種類の植物だけを回るから、「単花蜜《たんかみつ》」と呼ばれる植物の種類ごとのハチミツを得ることができるのである。

あえて「狭き門」を設けるメリット

しかし、問題がある。

たっぷりの蜜を用意すると、ハチだけではなくハチ以外の昆虫たちも集まってきてしまう。

せっかく用意した貴重な蜜は、他の昆虫ではなく、ハチだけに与えたい。

簡単に動くことのできない植物にとって、これは難問である。

どうすればよいのだろうか？

私たち人間の世界では、入学試験や採用試験のようにさまざまな試験がある。

そして、試験をクリアした人間だけに、さまざまな資格や権利が与えられるのだ。

植物たちも、昆虫たちに「試験」を課すことを行なった。

それが、チョウの形をした複雑な形の花である。

複雑な花の仕組みを理解する能力と、花びらを押し下げることのできる体力、そして、花の奥へ潜《もぐ》ることのできる技術、このすべてを併《あわ》せ持った昆虫だけが、蜜にありつくことが許されている。そして、その選ばれし昆虫がハチなのである。

植物が問題をクリアできる昆虫だけに蜜を与えるように進化をすると、多くの昆虫が蜜を得るように進化をする。すると植物は、さらに難易度の高い問題へと進化を遂げ、ハチの仲間は難易度の高い問題をクリアするように進化をする。

やがて、マメ科植物はハチだけに蜜を与える形に進化をし、ハチはマメ科植物の蜜を独占するように進化をした。

問題を出す側のマメ科植物と、問題を解く側のハチは、こうして難易度を高めながら、共に進化をしてきた。

マメ科植物の花は、ハチの中でも「選ばれたハチ」にしか蜜を与えないように進化をしている。

たとえば、ハチの中でも力の強いミツバチは、マメ科の花の蜜を吸うことができるが、同じハチであっても、力の弱い小さなハチは、下の花びらを押し下げることができず、蜜にありつくことができない。

それくらい狭き門なのだ。

「純系」を守るための思い切った選択

ところが、である。

そんなにすごい仕組みを発達させているにもかかわらず、マメ科植物である**エンドウ**は、せっかくハチがやってきても、下の花びらが下がらないようになっている。

ダイズはどうだろうか。

ダイズも下の花びらが小さく、昆虫がとまれないようになっている。

マメ科の植物は進化に進化を重ねて、ハチをパートナーにしてきた。

ところが、あろうことか、エンドウの花やダイズの花は、ハチがやってくるのを拒《こば》んでいるのである。

そもそも、どうして、植物は他の花と花粉を交配しなければならないのだろうか。

植物がさまざまな環境の変化を生き抜くためには、さまざまな能力を持った子孫が必要である。

つまり、**遺伝的な多様性**が必要となるのだ。

そのためには、自分だけで子孫を残すよりも、他の個体の遺伝子と交雑した方が、バラエティに富んだ子孫を残すことができる。

しかし、エンドウやダイズは違う。

エンドウやダイズは、人間に保護されて栽培される植物である。

人間に育てられる植物は、厳しい環境の変化を乗り切る必要はない。

むしろ、大切なことは人間に選ばれ続けることである。

そうであるとすれば、どこの馬の骨ともわからない他の個体と交雑するよりも、人間に気に入られた性質を、変わることなく子孫に伝えていく方がよい。

そのため、エンドウやダイズは、自分の花粉を自分の雌しべにつけて受粉をする**「自殖《じしょく》」**を行なう。**純系を守るために、昆虫を拒んでいる**のである。

植物は本来、他殖性であり、自殖性は特殊な環境で進化をする性質である。

そういえば、イネ科植物は、本来は風で花粉を飛ばす風媒花で、他殖生の植物だが、イネやコムギなどのイネ科の栽培植物は、自分の花粉で受粉する自殖性の植物である。

これらの栽培植物は、昆虫に選ばれて昆虫を利用するよりも、**人間に選ばれて人間を利用する「たくらみ」**を選んだ植物なのである。

「毒のない豆」の作られ方

マメ科植物の栽培化は、イネ科植物よりも遅れて始まった。

マメ科植物の栽培化がイネ科植物よりも遅れたのには、理由がある。

イネ科植物は草原を形成するほど、一面に生えていた。

これに対して、マメ科植物はイネ科植物ほどには広がっていなかったことが、その理由の一つである。

もう一つの理由は、**マメ科植物の種子が毒を持つ**ことである。

植物は種子を散布するために、鳥や動物に食べさせる「果実」を発達させた。そのため、果実は食べさせるためのものである。

しかし、豆は種子そのものである。

マメ科植物は、子房を果実として発達させるのではなく、種子をはじき飛ばして散布する方法を選択した。そのために発達させたものが莢である。

そのため、**マメ科植物にとって豆は食べられたくないものだ。**

マメ科の種子の多くは、シアン配糖体やレクチンという毒を持っている。これらの毒は窒素《ちつそ》を原料として生産される。マメ科の種子は、窒素を持つたんぱく質を含んでいるが、その窒素を使って毒成分を生産し、身を守っているのである。

現在でも、豆は生で食べると体に害があるが、種子の持つ毒が、マメ科植物の栽培化を妨げていたのである。

「マメ科の栽培化」がイネ科より遅れたワケ

予測不能な環境では、何が有利か、何が不利かは結果でしかわからない。

変化する環境に対応するため、生物は、常にありとあらゆる突然変異を生み出し続ける。そして、それが新しい種を生み出す生物の進化の原動力となってきたのである。

そのため、一見すると役に立たないような突然変異も常に生み出し続けるのである。

「種子が落ちない非脱粒性突然変異」もそうである。

種子が落ちないことは、植物にとって重大な欠陥だが、植物は自分に不利な形質を持つ個体も一定の割合で出現させる。

もっとも、この形質が「人間に選ばれる」という大ヒットを生み出したのだから、自然界を生き抜いてきた植物からしてみれば、「何がヒットするかわからない」ということだろう。

そして、マメ科植物も毒の少ない豆を一定の割合で生み出す。

毒が少ないという性質は、生存する上では不利に思える。しかし、何が正解かわからないから、一見すると不利に思える毒が少ないマメも一定の割合で出現するのである。

種子が落ちない植物を選び出したように、人々は毒の少ないマメを見出した。その豆を殖やせば、毒の少ないマメを殖やすことができるかもしれない。

毒の少ない豆の中からは、さらに毒の少ないマメが出現するかもしれない。

それを繰り返していくうちに、最後には毒のない豆を見出すことができるだろう。

首の短かったキリンの祖先が、自然選択を繰り返して首の長いキリンが生まれたように、人間が選択を繰り返すうちに、人間の望んだ作物を作り出すことができるのだ。首の長いキリンが誕生するには、途方もない歳月が必要だが、人は何万粒、何百万粒の中から数粒を選ぶという厳しい選択を繰り返す。そのため、自然界で起こる自然選択に比べると、短い年月で形質を変化させることが可能なのだ。

とはいえ、「種子が落ちないものを選び出す」ことに比べて、「毒の少ないものを選び出す」という作業は、とてつもなく大変な作業である。

種子が落ちないことは、見ればわかるが、毒が少ないかどうかは、少なくともかじってみなければわからないからである。

マメ科の作物を栽培するためには、毒の少ない豆を選び出し、毒を抜くための毒抜きの前処理や調理方法を開発しなければならない。

そのため、マメ科植物の栽培化はイネ科植物よりも遅れてしまったのである。

動けない植物の「防御手段」

坂口安吾《さかぐちあんご》氏は、「文化とはふぐちりである」と言った。

フグは毒のある魚である。しかし、毒があるのは卵巣《らんそう》だけなので、卵巣を取り除けば、食べることができる。しかし、このことがわかるまでに、物語があったはずだと言うのである。

フグをうまそうだと食べたバカが毒で死んでしまう。目玉に毒があるのではないかと目玉を取り除いて食べたバカも死んでしまう。皮に毒があるのではないかと皮をはいで食べたバカが死に、骨が問題ではないかと骨を残したバカも死ぬ。こうしたたくさんのバカのおかげで、人は安心してフグを食べられるようになった。そして、これこそが、文化だと言うのである。

これはフグだけの話ではない。

何しろ、植物は多かれ少なかれ毒を持っている。

植物は動くことができないから、害虫が来ても、草食動物がやってきても、走って逃げることができない。

毒で身を守ることは、植物にとっては効果的な防御手段なのだ。

果実は、鳥や動物に食べられるために発達させたものである。

しかし、葉っぱや根っこや種子は食べられたくない。そのため、これらの部位は毒を持っている。

たとえば、キャベツやカラシナ、ダイコンのようなアブラナ科の植物は、辛味成分で身を守っている。あるいは、レタスやシュンギクのようなキク科の植物は、苦味成分で身を守っている。ヒユ科のホウレンソウは、えぐみで身を守っている。

体の大きな人間にとって、それは毒というほどのものではないが、小さな虫にとっては毒である。

もちろん、これらの野菜にも害虫はつく。

しかし、たとえばモンシロチョウの幼虫のアオムシはアブラナ科野菜しか食べないように、**それぞれの毒を克服した限られた昆虫だけが、その野菜を食べることが許されている**。

食べられたくないアブラナ科植物と、それを食べなければ生きていけないアオムシが競い合って進化をしてきた結果、この関係が築かれた。

一方、人間は、植物の毒を克服するような進化はしていない。そのため栽培化の最初の段階では、少しでも辛味や苦味が少なく食べやすいものを選んできたはずである。

害虫から身を守るための「毒成分」

ジャガイモやサトイモなどの芋類や、ニンジンなどの根菜類も、もともとは害虫や野生の動物から身を守るために、毒成分で身を守っていた。

ジャガイモは、ナス科の植物である。

ナス科は、「アルカロイド」という毒成分で身を守る戦略を得意としている植物である。食べると錯乱《さくらん》して走り出すというハシリドコロや、魔女が用いたと言われる毒草であるマンドレイクやベラドンナなどは、すべてナス科の毒草である。

そしてジャガイモも、茎や葉は「ソラニン」という毒で守られている。また、ジャガイモの芋から出た芽もソラニンを持つ。

ジャガイモは南米のアンデス原産の作物であるが、現在でも野生のジャガイモは芋も毒を含んでいる。地元の人たちも野生のジャガイモを食べるときには、毒抜きをして食べている。私たちがジャガイモを毒抜きすることなく安心して食べることができるのは、南米の先住民の人たちが、毒の少ないジャガイモを選抜し続けてきたからなのである。

サトイモの仲間にはクワズイモと呼ばれる種類がある。食べられないから、「食わず芋」なのだ。

サトイモの仲間はデンプンを含んだ大きな芋を形成する。この栄養豊富なエサを生き物たちが見逃すはずがない。多くの生き物がサトイモの芋を狙っている。そのため、サトイモは**シュウ酸カルシウム**を蓄えて芋を守っている。

シュウ酸カルシウムは、細かいトゲのような結晶を作っている。この細かいトゲで芋を守っているのである。

サトイモの皮を剝《む》くと、手がかゆくなってしまう。これは無数のシュウ酸カルシウムのトゲが肌に刺さるからである。一方、クワズイモを食べると、かゆいでは済まされない。胃腸にシュウ酸カルシウムのトゲが刺さって、中毒症状を起こしてしまう。

しかし、栽培しているサトイモは、芋のまわりの皮の部分にはシュウ酸カルシウムが含まれるが、皮を剝いた芋には、シュウ酸カルシウムは含まれない。

野生の芋にとっては、身を守るためにシュウ酸カルシウムは必要不可欠である。しかし、人間たちは、少しでもシュウ酸カルシウムの少ない種類を選び出し、その中でもシュウ酸カルシウムの少ない芋を選び出し、選抜を繰り返すことで、食べやすいサトイモを作り出してきたのだ。

哲学者ソクラテスは、ドクニンジンの毒で最期を遂げたことは有名である。

ドクニンジンは、私たちが食べるニンジンとは別の種であるが、ニンジンが属するセリ科も毒を持つものが多い。また、植物の毒は使い方によっては薬にもなるので、セリ科はハーブや薬草が多いことでも知られているグループだ。

ニンジンもまた、もともとはえぐみを持っていたが、人類はえぐみの少ないニンジンを選び続けてきた。そして、今日の野菜のニンジンが作られたのである。

「フグは、バカたちのおかげで食べられるようになった」と坂口安吾氏は言う。そして、それこそが文化であると彼は言う。

そうであるとすれば、私たちがふだん何気なく食べる野菜も、多くのバカたちの挑戦と不断の努力によって作られてきた。そして、それもまた、私たち人類の誇るべき文化なのである。

今や私たちの食卓は多くの野菜で彩られ、野菜は世界中で栽培されている……。

(そして、それは……)

私はコーヒーをひとくち飲んだ。

それは、野菜たちがバカな人間たちを利用してきただけとも言えるのだ。

名ばかりの「共生関係」

自然界は「助け合い」に満ちている。

昆虫たちは蜜をもらう代わりに植物の花粉を運び、鳥たちは果実をもらう代わりに種子を運ぶ。

マメ科植物は、**根粒菌**《こんりゅうきん》というバクテリアと共生関係にあり、助け合っていると言われている。

根粒菌は、マメ科植物から栄養分をもらっている。その代わりに、根粒菌は、空気中の窒素を取り込んで植物が利用できるアンモニアに変えて、マメ科植物に与えるのである。空気中の窒素を利用するこの仕組みは「窒素固定」と呼ばれている。

そして、このギブ・アンド・テイクの関係は、**共生関係**と呼ばれている。

この共生関係のおかげで、栄養分の少ないやせた土地でも、マメ科植物はよく育つのだ。

しかし、本当にマメ科植物と根粒菌は「助け合っている」のだろうか。

マメ科植物に奴隷のように扱われている根粒菌

根粒菌は、ふだんは落ち葉などの有機物を分解しながら静かに暮らしている。

ところが、マメ科植物が根からフラボノイドという物質を出すと、それを頼りに、マメ科植物の細い根っこの先端にたどりつく。するとマメ科植物は、それを根っこの中に迎え入れ、自ら根っこを変形させて根粒菌を包み込むのである。

そして、マメ科植物は根っこに根粒というコブを作る。根粒菌はこの根粒の中に暮らしながら、マメ科植物と共生生活を始めるのである。

これを私たちは「共生」と呼んでいる。

しかし、どうだろう。

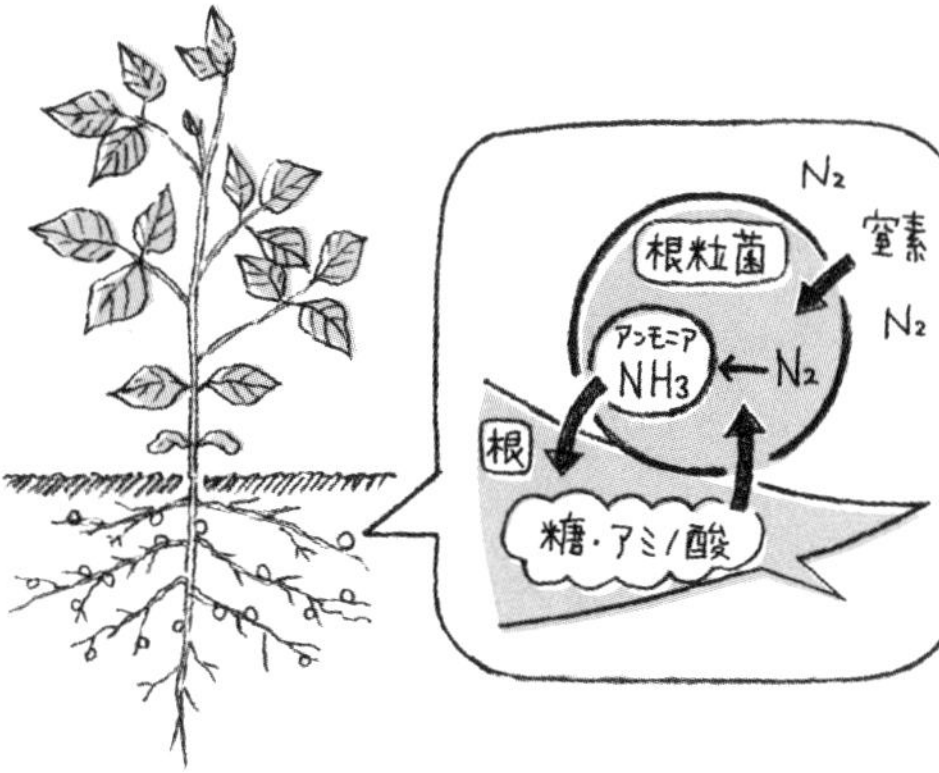

根粒菌が増えすぎると、マメ科植物は栄養分を奪われてしまう。そのため、すべての根粒菌を根粒に棲まわせるわけではなく、一部の根粒菌は、根の中に待機させている。そして、根粒菌が足りなくなると、必要に応じて根粒を追加して、根粒菌を迎え入れるのである。

つまり、待機させられている根粒菌は、マメ科植物の根の中で飼い殺し状態にあるのである。

さらに、窒素固定能力の少ない、働きの悪い根粒には、植物からの養分の供給がストップしてしまう。つまり、そこにいる根粒菌は見捨てられてしまうのだ。

そもそも根粒菌は、マメ科植物がいなくても生きていくことができる。本当は窒素固定など行なわなくても、のんびりと生きていくことができるのだ。

しかし、マメ科植物には根粒菌が必要である。そして、根粒の中に囲い込み、窒素固定をさせるのである。根粒菌は、マメ科植物に利用されて奴隷《どれい》のように働かされているのだ。

私はコーヒーを飲んだ。

そして、この様子を見て、人間はこう言うのである。

マメ科植物と根粒菌は、助け合っている……。

「世界征服の野望」を遂げたダイズ

マメ科植物の中で、今、世界を征服している植物は、**ダイズ**だろう。

ダイズは中国原産で、長い間、世界の片すみの東アジアを中心に栽培されてきた。

ダイズは日本では、豆腐や醤油、味噌などの加工食品の原料となる。

「大豆」の名のとおり、ダイズは豆が大きい。これは、作物としては優れた特性である。小さい粒よりも大きい粒の方が、食糧として優れている。

そのため、植物は栽培化されると、粒が大きくなるように改良が加えられてきた。イネやコムギなどのイネ科植物も、野生種に比べて栽培されるものは種子が大きいという特徴がある。

しかし、マメ科植物の種子の場合は、ただ粒が大きければよいというわけではない。

すでに紹介したように、**マメ科の種子は毒を持っている**。

もちろん、それは人間にとって「えぐみ」という程度のもので、食べると死んでしまうというようなものではないが、嘔吐《おうと》や下痢をひき起こす程度の害はある。豆の持つ有毒成分は、加熱をすれば無毒化されるが、粒が大きいと豆の中まで熱を通すことが難しい。熱を加えすぎれば粒が崩れてしまうから、火加減の調整をしなければならない。

そのため、ダイズを無毒化するような加工技術が必要となる。

もっとも、加工するのであれば、粒がつぶれても大丈夫だから、十分に加熱することができる。こうして、日本や中国などアジアの各地では、ダイズは加工して食べられるようになっていったのである。

ダイズを利用するためには、加工された食品として受け入れられなければならない。

しかし、豆腐や醤油、味噌のように地域の伝統料理と密接に結びついた食材は、そのまま世界に広がっていくことはできない。

そのため、ダイズは長い間、アジアの限られた地域でのみ栽培されていた。

ダイズは、世界ではほとんど注目されない植物だったのである。

日露戦争をきっかけにアジアからヨーロッパへ侵出

ダイズの運命を大きく変えたのは、**日露戦争**である。

日露戦争の舞台となった中国北部は、ダイズの一大産地であった。そのため、日本とロシアの両軍は、軍事物資としてダイズを利用した。

ダイズは保存性や運搬性がよく、軍用の食糧となる。

ダイズの種子である豆は、たんぱく質を豊富に含む。そのため兵士たちに効率的に栄養を摂取させることができるのだ。

さらに、ダイズの種子は発芽の栄養源として油脂も持っている。一般に、サラダ油と呼ばれる植物油は、ダイズを原料として作られる。

この**油を含んだダイズは、軍事用の燃料にもなる**のである。

日露戦争でダイズの有用性を認識したヨーロッパ諸国は、ダイズの輸入を増加させた。

やがて、栄養豊富なダイズを家畜に与えて、高品質な肉や乳製品を生産する工業的な畜産が発展したのである。

しかし、不思議なことに、需要の高まりに対してダイズの栽培は広がらなかった。ダイズは根粒菌というバクテリアとの共生によって、空気中の窒素を吸収している。そのため、窒素分の少ないやせた土地でも育つことができるのが利点だ。

ところが、新天地であるヨーロッパでは、ダイズと共生する根粒菌がいなかった。そのため、思うようにダイズが育たなかったのである。

やがてダイズの研究が進み、ダイズの秘密が根粒菌にあることが明らかとなると、ダイズの種子といっしょに根粒菌も農家に配布されるようになった。こうして、ヨーロッパでのダイズの栽培が可能になったのである。

ダイズが「アメリカ大陸を席捲」したきっかけ

しかし、現在、ダイズの主要な生産地は新大陸である。

アメリカの土壌にもダイズの根粒菌は存在しない。そのため、ダイズを栽培した根粒菌のいる土を運んでダイズ畑を拡大していった。

しかし、種子と違って、土は増やすことができないから、ダイズの栽培はなかなか広がらなかったのである。

その後、アメリカでは人工培養した根粒菌を種子にまぶすという方法が開発された。この発明によって、アメリカでのダイズ栽培の拡大が可能になったのである。

アメリカでのダイズ栽培が拡大した最初のきっかけは、一九二九年の世界恐慌の頃のことである。

世界恐慌によって、油の需要が低下し、供給過剰となったトウモロコシの油の価格が暴落してしまったのである。その一方、安価なダイズの油は、少しずつ需要が拡大していった。さらに、トウモロコシの供給過剰を抑えるために、生産調整が行なわれると、トウモロコシが栽培されなくなった畑には、自由に栽培できるダイズが植えられていったのである。

そして、食糧が不足する第二次世界大戦中、ダイズから摂れる油とたんぱく質は、貴重な栄養源となった。

戦争によって日本の影響下にあった中国北部からダイズが輸入できなくなったアメリカは、国内でのダイズの増産を始めた。

アメリカは、**「戦争に勝つためにダイズをもっと育てよう」**というキャンペーンを展開して、ダイズの生産を拡大した。そして生産したダイズを連合国に輸出し、食糧難を支えたのである。

そしてついに、アメリカは、中国北部を上回るダイズの栽培を実現した。

今や、アメリカは世界有数のダイズ生産国である。アメリカとカナダをあわせた北米地域で、世界の生産量の三分の一以上のダイズが生産されているのだ。

「南米の国家予算」をも下支え

南米も今やダイズの生産地である。

ブラジル、アルゼンチン、パラグアイなどの南米諸国は、ダイズの生産大国だ。

南米におけるダイズ生産の拡大には日系の移民が関係している。
初めのうちは、日系移民はアメリカへと移り住んだ。
アメリカ南北戦争後の奴隷解放により、新大陸では労働力が不足した。その労働力を補うために、日本から多くの人々が夢を求めて新大陸へと移住したのである。

しかし、第二次世界大戦前になると、日本とアメリカとの関係が悪化する中で、南米への移民が増加していくのである。

祖国を遠く離れた南米に渡った日本人たちは、ふるさとの味を求めて、裏庭で細々とダイズを栽培していた。そして、自家製の味噌や醤油を作っていたのである。

第二次世界大戦が始まり食糧が不足すると、南米の国々ではダイズの栽培が奨励された。しかし、地元の人たちにとって見慣れないダイズの栽培が定着することはなかった。南米でダイズの栽培が本格的に行なわれるようになるのは、第二次世界大戦後のことである。

やがて、日系移民の努力により、南米でダイズの栽培が本格的に行なわれていく。

そして、北米とともに南米もまたダイズの生産地となっていったのだ。

南米諸国ではダイズの栽培が国家の経済を支えていて、「日本人の裏庭の作物が奇跡を生んだ」と評されている。

今やダイズは、北米地域と南米地域を主産地とする「新大陸」を代表する作物なのである。

ときには「戦争の道具」、あるいは「投機の対象」に

ダイズは有用な植物である。

そのため、ダイズは**戦争の道具**として利用されてきた。

ダイズ生産の拡大の陰には、常に戦争の影がつきまとう。

ダイズが人間の争いに巻き込まれてきたのだろうか。

それとも、人間がダイズに翻弄されてきたのだろうか。

現在もダイズの快進撃は止まらない。

躍進を続けるダイズは、**投機の対象**ともなっている。

ダイズは、産業用に栽培される植物である。イネやコムギなどの主要な穀類については、政府は生産量や価格の安定に力を入れるが、ダイズはそれほどの安定は求められないのである。

現在では、そのようなことは起こらないが、かつてはダイズの価格が上がれば、森林破壊が進んだ。森林が伐採《ばっさい》され、畑が拓かれて、次々にダイズが植えられていったのである。

ダイズで一儲《もう》けしようとする人間が大勢いる——。

ダイズは、そんな人間の欲望を利用して成功しているかのようだ。

伝統的にダイズを食べてきた日本では、「ダイズは食べ物」というイメージが強いが、世界的にみればダイズは加工原料であり、家畜のエサである。

そのため、人間の食べ物ではないダイズは、遺伝子組み換え作物としても改良が進められている。

今やアメリカでは栽培されているダイズの九割が遺伝子組み換えされたダイズであ

る。

人類が植物の栽培を始めてから一万年。

分布を広げ、子孫を殖やすためであれば、植物はいとも簡単に、人間の期待どおりの性質を受け入れてきた。

ダイズたちの「たくらみ」は、止まりそうにないようだ。

「栽培されやすいように」進化した植物

人類が植物を栽培するようになると、食糧を安定して確保できるようになり、やがて人類は文明を築くようになった。文明が発達すると、農業技術や灌漑《かんがい》技術が発達し、さらには品種改良も進んで、さらに植物の栽培は広がっていった。

そして、作物が発達すると、文明もまた発展し、文明が発展すると、作物も発達する。こうして、作物と文明とは、共に成長を遂げていった。

植物の進化は、他の生物と共に進化する「共進化」が基本である。

たとえば、植物が昆虫を呼び寄せるように進化をすると、昆虫は花を訪れるように進化をする。あるいは、植物が毒で身を守るように進化をすれば、害虫はその毒を無毒化する仕組みを進化させる。

植物が草食動物に食べられないように進化をすれば、草食動物はそれを食べられるように進化をする。植物が食べさせるために果実を発達させれば、鳥は熟した果実を識別するように進化をする。

こうして植物は、常に他の生物と影響し合いながら、共進化をしてきた。

「作物」の発達と「人類の文明」の発展もまた、共に進化をしているように思える。

つまり、**「植物が栽培されやすいように進化をすると、人間がそれを栽培する」**のである。

「イネ科」と「マメ科」の最強タッグ

栽培植物と文明とは、共に発達をしていった。

そのため、文明の陰には、必ず重要な作物が存在している。

そして、その作物とは、植物としては進化したグループであるイネ科植物とマメ科植物であることが多いのだ。

たとえば、**「四大文明」**と呼ばれる**エジプト文明、メソポタミア文明、インダス文明、黄河《こうが》文明**はどうだろう。

すでに紹介したように、牧畜と農業が始まったのは、メソポタミア文明であったと言われている。メソポタミア文明には、ヒトツブコムギから改良されたコムギなどのムギ類がある。そして、エンドウやソラマメ、レンズ豆などのマメ科作物も、メソポタミア文明の発展に寄与した。

同じ地中海沿岸に発達したエジプト文明もまた、メソポタミア文明と同じムギ類や豆類で発展していった。

それでは、インダス文明はどうだろう。

インダス文明はメソポタミア文明からもたらされたムギ類と、中国南部に発達した長江《ちょうこう》文明で栽培化されたイネによって発展を遂げた。そして、インダス文明にはフジマメやリョクトウなどのマメ科作物がある。

黄河文明は、アワやキビなど、現在では雑穀と呼ばれているイネ科作物が栽培化された地域である。そして、中国で栽培化されたマメ科作物が、ダイズやアズキである。

こうして、**四大文明が繁栄した陰には、必ずイネ科作物とマメ科作物の暗躍が見え隠れしているのである。**

なぜイネの栽培はムギ類よりも広がらなかった？

メソポタミアで栽培化されたムギ類は、いち早く世界で栽培された。まさにムギ類は最初に成功した植物であると言える。

一方、同じイネ科でもイネの栽培は、ムギ類に比べるとあまり広がらなかった。

それはどうしてだろう。

ムギ類はやせて乾いた大地で育てることができるのに対して、イネを育てるには大量の水がいる。農業は、**「何もしないで生きていけるほど豊かな場所ではないが、頑張れば何とか生きていける場所」**に発展すると前述した。

イネの栽培に適した場所、つまり雨がたくさん降り、水が豊富な場所は、さまざまな植物が繁茂《はんも》して食べ物も豊富にあるので、農耕文明は発展しにくいのである。

それにしても、イネ科植物は乾燥地帯で発達したはずなのに、どうしてイネはたくさんの水を必要とするのだろう。

イネ科植物は草食動物に食べられないように、成長点を地面の際の低い位置に配置した。そして茎を伸ばすことなく、そこから葉を押し上げる成長スタイルを作り上げた。

その結果、イネ科植物は根と葉とが近接して配置されるようになった。

それが思いがけず、雨の多い地域で有利に働いた。

水のたまった環境に植物が生えるときに、もっとも問題となるのは、根っこが酸欠状態になることである。ところが、根と葉の位置が近いと、葉で吸収した酸素をすぐに根に送ることができる。

そのため、イネ科植物は、思いがけず水のたまった湛水《たんすい》状態で優位性を発揮するようになったのである。

実際に、ヨシに代表されるように、水辺ではたくさんのイネ科植物が生えている。

そして、イネもまた、そんな水辺に生えるイネ科植物の一つだったのである。

同じ場所で「混作」できるワケ

四大文明では、イネ科植物とマメ科植物が密接に関係している。

四大文明には含まれないが、新大陸と呼ばれる場所にも文明はある。

たとえば、中米にはマヤ文明やアステカ文明など、メソアメリカ文明がある。

メソアメリカ文明には、イネ科のトウモロコシと、マメ科のインゲンマメがある。

南米に発達したアンデス文明は、唯一、イネ科の植物がない。その代わり、穀物に似ていることから、疑似穀物と呼ばれているヒユ科のキノアやアマランサスなどがある。

また、アンデス文明で、デンプン源として食べられていたのはジャガイモである。

そして、この地域に起源を持つマメ科の植物にはラッカセイがある。

このように、さまざまな文明で、イネ科植物とマメ科植物が重要な役割を果たしてきた。

現在でも、栽培植物としてもっとも種類が多いのはイネ科植物であり、次いで種類が多いのはマメ科植物である。

世界中でイネ科植物とマメ科植物の組み合わせで栽培が行なわれてきたのは偶然ではない。

イネ科植物の種子は炭水化物を多く含むのに対して、マメ科植物の種子はたんぱく質を多く含む。そのため、イネ科植物の種子である穀物と、マメ科植物の種子である豆を組み合わせると、栄養バランスの取れた食事を作ることができるのだ。

そして、**イネ科植物とマメ科植物は、同じ場所で混作《こんさく》**することができる。

イネ科植物は浅根性《せんこんせい》で、地表面近くに根を張るのに対して、マメ科植物は深根性《しんこんせい》で、地中深くに根を伸ばす。そのため、根っこ同士が棲み分けていて、競合しないのである。

さらにマメ科植物は、根粒菌というバクテリアとの共生によって、空気中の窒素を取り込むという特殊な能力を有している。

そのため、土の中の窒素を奪い合うこともない。それどころか空気中の窒素を取り込んだマメ科植物を土にすき込めば、土の中に窒素を供給してくれる。イネ科植物を収穫した後でマメ科植物を育てれば、地力を回復し、やせた土地を豊かにすることが可能なのである。

（やはり、マメ科とイネ科は最強のタッグなのだ……）

私はコーヒーを飲み干した。

5章

「糖にやみつき」にさせるたくらみ

——「甘い話」には、いつだって裏がある

「噛めば噛むほど甘くなる」穀物

草原で発達したイネ科植物には、人間を魅了したある特徴がある。

それは、**種子が炭水化物を多く含む**ということである。

炭水化物は、人間の「活動のエネルギー源」となる栄養分である。そのため、炭水化物を含むイネ科植物の種子は、人間の食糧として適しているのである。

イネ科植物の種子が炭水化物を含むのには、理由がある。

イネ科植物の種子が持つ炭水化物は、種子が「発芽をするためのエネルギー」を生み出す栄養分である。

ただし、植物の中には、炭水化物以外にもたんぱく質や脂質を栄養源として持つものがある。

すでに紹介したように、マメ科植物の種子は、たんぱく質を豊富に持っている。マメ科植物の種子が多く持つたんぱく質は、植物の体を作るための栄養分である。

また、脂質は炭水化物と同じように「発芽のためのエネルギー」であるが、炭水化物に比べると莫大《ばくだい》なエネルギーを生み出すという特徴がある。

脂質を持つ種子は、そのエネルギーによって爆発的な成長ができる。たとえば、コーン油の原料となるトウモロコシや、ひまわり油の原料となるヒマワリは、一年で見上げるほどの大きさに成長する。それほどの成長が可能なのは、種子が持つ豊富な栄養分（脂質）が成長のスタートダッシュを実現するからなのだ。

他方、同じように種子から油を搾る植物に、ゴマやナタネなどがある。これらの種子は、とても小さいという特徴がある。それは、エネルギー量の大きい脂質を含んでいるから、種子を小さくすることが可能ということなのだ。

このように、多くの植物が種子の中に炭水化物だけでなく、たんぱく質や脂質を含んでいる。たんぱく質や脂質を含むことは、種子にとってメリットが大きい。

ところが、イネ科の種子は、ほとんどが炭水化物なのである。

これは、どうしてなのだろう。

イネ科植物の「シンプル・イズ・ベスト」戦略

たんぱく質は植物の体を作る基本的な物質だから、種子だけではなく、親の植物にとっても重要な物質である。また、脂質はエネルギー量が大きい代わりに、作り出すときにはエネルギーを必要とする。

つまり、たんぱく質や脂質を種子に蓄えるためには、親の植物に余裕がないとダメなのだ。

イネ科植物は、植物の成育に適さない過酷な乾燥地帯で進化を遂げた。

たんぱく質や脂質を作るのには、それなりに種子に栄養やエネルギーを分配するだけの余裕が必要となる。草原という厳しい環境で生きるイネ科植物は、自分が生きるのに精いっぱいである。とても種子にたんぱく質や脂質を蓄える余裕はない。

一方、**炭水化物は光合成によって直接、作られる物質**である。

そのため、もっとも簡単に作ることができる炭水化物をそのまま種子に蓄え、種子はその炭水化物をそのままエネルギー源として成長する、というシンプルなライフスタイルを作り上げたのである。

こうして、イネ科植物は種子に炭水化物を蓄えるようになった。そして、その炭水化物が、人類にとって、重要な食糧となったのである。

こうして人は「糖の甘味」の虜になった

炭水化物は、即効性のある効果的なエネルギー源となる。

炭水化物の詰まったイネ科植物を栽培することで、私たち人類は大量に炭水化物を得ることが可能になった。

そして、この効率的なエネルギー源は人間の脳に大きなエネルギーを供給する。

人類が進化の過程で発達させた脳は、極めて優秀な器官であるが、大量のエネルギーを必要とするという欠点がある。効率のよいエネルギー源である穀物の炭水化物は、人類が持つ脳のパフォーマンスを最大限に発揮することを可能にしたのである。

炭水化物をエネルギー源として利用するためには、**炭水化物を分解して「糖」にする必要**がある。

人間が、炭水化物を噛んで咀嚼すると、唾液《だえき》の中の酵素《こうそ》の働きで炭水化物が分解される。そして、「糖」ができるのである。

かつて人類の祖先であるサルは森の中の果実をエサとしていた。

とはいえ、森の中には果実が豊富にあるわけではない。果実が実る季節も限られる。効率的なエネルギー源となる糖を含んだ果実は、サルにとっては得がたいご馳走《ちそう》だった。

そのご馳走を識別するために、人間の脳は糖を摂取したときには「甘味」という最上のシグナルを用意したのである。

森の果実はめったに見つからないようなご馳走だったかもしれないが、農業を始めた人間にとって穀物は、労働さえすれば手に入れられるものであった。

穀物の炭水化物は、咀嚼すれば「糖」となる。

「糖」は、人間にとっては、最上のご馳走である。**糖の甘味は魅惑《みわく》の味であり、甘味は人に最上の陶酔感と幸福感をもたらす。**

こうして、人類は穀物の虜になっていった。そして、人類は炭水化物を求めて働き続けたのである。


人間は甘いものが好きである。

子どもたちは甘いお菓子に目がない。大人たちも、ちょっとした自分へのご褒美にスイーツを買ったり、ケーキバイキングに並んだりする。

甘味は「糖」を認識するシグナルである。糖は人間の生命活動のエネルギーになる物質である。

かつて人類の祖先は森に棲み、植物の果実を食べるサルであった。

植物の果実は熟すと甘くなる。つまり**「甘味」は植物の熟した味**なのである。このエサを探し当てるために、人類は糖を甘味として識別する能力を身につけたのだ。

人工甘味料があふれた現代では、甘いものの摂りすぎが問題になる。しかし、甘いものが貴重な自然界では、甘いものに危険なものはない。むしろ、**甘いものはエネルギーを効率よく得られる貴重な食糧**である。そのため、私たちは甘いものを好むのである。

かつて人類は、熟した果実からしか糖の甘味を得ることができなかった。農業を始めた人類が最初に得た果実以外の甘味は、ハチミツである。ハチミツの歴史は古く、驚くことに紀元前二五〇〇年には、すでにハチミツが食べられていたとされている。

じつは、直接的ではないが、穀物のデンプンは、甘味の原料となった。穀物の種子は炭水化物の一種であるデンプンを蓄えている。これは種子が芽を出すためのエネルギー源である。そのため、種子が芽を出すときには、デンプンを分解してエネルギー源となる糖を作る。

ムギの種子は、芽を出すときにデンプンを分解するジアスターゼという酵素を多く含んでいる。そのため、ムギの種子から芽を出した麦芽《ばくが》は、デンプンを分解するジアスターゼを多く含んでいる。この麦芽をデンプンに加えると、デンプンが分解されて糖が作られる。こうして造られたのが麦芽糖である。昔は、この麦芽糖が貴重な調味料として利用されたのだ。

人類にとって、「糖」とは、その程度のものだったのである。

そう、サトウキビが出現するまでは……。

人類を惑わした甘美なるサトウキビ

現在は、甘いものであふれている。

私たちにとってもっとも身近な甘いものである「砂糖」の材料として用いられている植物が、**サトウキビ**である。

サトウキビはイネ科の植物であるが、三メートルもの大きさに成長する。

そして、熱帯の強い光の下でさかんに光合成を行ない、光合成で作った糖を茎に蓄えるのである。

一般的に植物は、光合成で作った糖を保存性のよいデンプンとして貯蔵する。

糖のままでは、水に溶けて流れてしまうかもしれないし、微生物に分解されてしまうかもしれないからだ。

しかし、過酷な環境で進化したイネ科植物に、イモのような貯蔵器官を作る余裕はない。そのため、**光合成で作った糖のまま、茎や葉の中で貯蔵した**のである。

サトウキビは、大きく成長する植物であるが、イネ科植物の仲間なので、他のイネ科植物と同じように、茎の中に糖を貯蔵している。

そのためサトウキビの茎を搾ることで、糖を得ることができるのである。

砂糖――極めて希少な王侯貴族の贅沢品

サトウキビは、もともと東南アジア原産の、熱帯性の植物である。

もともとは限られた地域に分布していた植物だったが、東南アジアで広く栽培されるようになった。

サトウキビから、砂糖を精製することを可能にしたのは、インド人たちであった。

しかし、熱帯地域でしか栽培することのできないサトウキビから得られる「糖」は、他の地域の人々にとっては極めて珍しく、極めて希少なものであった。

甘いものにあふれた現代とは違って、栄養の不足しがちな時代のことである。直接的なエネルギー源となる砂糖は、体力をつけるために効果的な薬効があった。そのため、砂糖は、高価な薬として扱われていたのである。

砂糖は、インドから世界中に伝えられていったが、ヨーロッパには十字軍の遠征によって広められたとされている。しかし、サトウキビから作られる砂糖は、一部の王族や貴族だけが口にすることのできる高価な贅沢品だったのである。

精製のための「あまりに過酷」な重労働

それまでの農業は食糧や繊維など、生活必需品を得るための手段であった。サトウキビから得られる「糖」は高価な贅沢品である。

サトウキビの栽培は、「生きていくためにどうしても必要」というものではない。しかもサトウキビの栽培は、それまでの農業と比べものにならないくらい重労働である。

もちろん、それまでの農業も重労働ではあったが、鋤《すき》で畑を耕すような単純な作業は、ウシやウマを使うこともできた。

しかし、サトウキビは三メートルを超えるような巨大な植物である。収穫作業は人間が行なうにはあまりに重労働だが、家畜ではできないような複雑な作業となる。そのため、二十世紀になって機械が開発されるまでは、サトウキビの収穫作業は人力に頼らざるを得なかった。


しかも、サトウキビは収穫して終わりではない。

収穫した植物から砂糖を精製するという作業が必要になる。サトウキビは収穫した後、茎の中の砂糖を蓄えた部分が、次第に固くなっていく。当時は、この茎が固くなる前の新鮮なうちに煮出さなければならないと考えられていた。そのため、収穫したサトウキビを積んで保管しておくことをしなかったのだ。

そこで考えられた方法が、大量のサトウキビを一斉に収穫し、一度に製糖作業をすることである。そして、そのためには一気にサトウキビを収穫するための大量の労働力が必要となるのだ。

サトウキビから砂糖を作る作業は、サトウキビを一気に収穫して、一気に製糖していく。この繰り返しだ。

これは、それまでの牧歌《ぼっか》的な農業とは程遠い作業だ。

嗜好品のために焼き払われた森

サトウキビは熱帯原産の植物であり、暖かな熱帯地方でしか育つことができない。

そもそも、農業は自然の豊かなところでは発達しにくい。

農業を行なわなくても、十分な食糧があるのであれば、わざわざ余計な労働をする必要はないのだ。

繰り返すが、農業が発展するのは、「何もしないで生きていけるほど豊かな場所ではないが、頑張れば何とか生きていける場所」である。そのため、乾燥した地域や冷涼な地域で農業は発達し、農業の発達は文明を発展させていったのだ。

サトウキビの原産地である東南アジアも、食べ物の豊富な豊かな場所であった。

そして皮肉なことに、工業化されたサトウキビ栽培が行なわれたのも、豊かな南の島であった。

それが、大西洋に浮かぶ西インド諸島の島々である。

コロンブスが新大陸を発見して以降、さまざまな植物が新大陸からヨーロッパへと紹介されたが、逆に旧大陸の植物を新大陸に持ち込んで栽培する試みも行なわれた。

そして、新大陸で栽培されたサトウキビは、巨大な富を生み出すようになる。

サトウキビは食料ではない。

サトウキビがなければ飢え死にしてしまうということはないし、砂糖ばかりがたくさんあっても人は生きていくことはできない。

サトウキビは嗜好品《しこうひん》である。いわば「人間の欲望を満たすだけのもの」である。

それでも、その欲望によって、豊かな森は焼き払われて、広大なサトウキビ畑が広がっていったのである。

サトウキビが「人間の何か」を狂わせた

人々は甘いものを欲する。

サトウキビを作れば、大儲けできる。

人々はこぞって植民地にサトウキビを植えていった。


しかし、問題がある。


サトウキビを栽培するためには、多大な労力を必要とするのだ。

労働力さえあれば、もっともっとサトウキビを栽培することができる。そうすれば、もっともっと大儲けできるし、もっともっと甘いものを食べることができるのだ。

とても移民だけの労働力では足りない。

最初のうちは戦争で得た捕虜や先住民を労働力として補っていたが、それでもとても足りない。

人間の「もっともっと」という欲求を満たすためには、「もっともっと」働く人が欲しくなったのだ。


そして、ついに人間は、恐ろしいことを思いついた。

それが「奴隷」である。アフリカで平和に暮らしていた人々を、見知らぬ土地に無理やり連行して、強制労働させる。これが「奴隷制度」である。

この奴隷制度によって、サトウキビの生産量は飛躍的に伸びた。

人間は、何と恐ろしいことを考えるのだろう。そして、人間の欲望の何と果てしないことだろう。

きっと、サトウキビもそう思っていることだろう。

しかし、私に言わせれば……。

私は、コーヒーカップを手に取った。

私に言わせれば、きっと、**サトウキビが何かを狂わせた**のだ。

窓の外の木の枝が揺れていた。風が出てきたようだ。何かがほくそ笑んでいるようにも思えたが、気のせいだろう。

ヨーロッパ、アフリカ、新大陸を結んだ三角貿易

ヨーロッパ諸国は、新大陸で栽培したサトウキビを輸入すると、その船で工業生産した製品を植民地化していたアフリカに運んだ。そして、アフリカから新大陸に向かう船に、サトウキビ栽培のための奴隷を積んだのである。

このように船は空《から》になることなく、荷物を積んで移動することができる。

これが**「三角貿易」**である。

三角貿易においては、奴隷もまた荷物だったのだ。

サトウキビの栽培は過酷な労働である。

奴隷たちはこき使われ、次々に命を落としていった。しかし、奴隷は消耗品に過ぎなかった。短期間、重労働をさせて使い物にならなくなったとしても、アフリカから次々に補充の奴隷たちが運ばれてくる。

三角貿易において大切なのはサトウキビであって、人間ではなかったのだ。

私は手にしたカップを口に運び、コーヒーを飲んだ。

どうしたことだろう。

いつもはブラックコーヒーを飲んでいるのに、今日に限って砂糖をたっぷり入れた甘いコーヒーを淹《い》れてしまった。

私は苦笑した。

トウモロコシは「宇宙からやってきた」？

機械化が進んだ現在では、誰かの犠牲の上に砂糖生産が行なわれることはない。しかし現在、私たちが食べる「糖」の原料となるのは、サトウキビだけではない。じつは、**トウモロコシ**から作られる糖もある。その一つが**「異性化糖」**である。

今、私たちは、大量の異性化糖を摂取している。異性化糖は冷やすと甘味が増すことから、清涼飲料水などによく用いられている。清涼飲料水の成分表示を見ると、「果糖ぶどう糖液糖」や「ぶどう糖果糖液糖」と書かれている。これが異性化糖である。

異性化糖はサトウキビではなく、主にトウモロコシから作られる。

トウモロコシでなくても、植物のデンプンを分解すれば「異性化糖」を作ることができる。しかし、**世界でもっとも多く栽培されている作物はトウモロコシ**である。そのため、異性化糖の原料には手に入れやすいトウモロコシが、多く用いられているのである。

清涼飲料水、ダイエット飲料の「甘味」の正体

トウモロコシから人工的に作られた「糖」は、何か健康に悪いイメージがある。

そもそも清涼飲料水は、糖分が多い。だから、ダイエット飲料を飲むようにしている人もいるだろう。

私もそうだ。

私はときどき清涼飲料水が無性に飲みたくなる。

しかし、ぽっこりとしたお腹も気になる。

そのため、できるだけダイエット飲料を選ぶようにしている。

それでは、ダイエット飲料を飲んでいる私は、トウモロコシに依存していないのだろうか。

残念ながらそうではない。

できるだけダイエット飲料を飲んでいる私も、トウモロコシのお世話になっている。ダイエット飲料の成分表示を見ると、「難消化性デキストリン」と書かれている。難消化性デキストリンは、植物由来の食物繊維の一種である。もちろん、あらゆる植物から、難消化性デキストリンを作ることはできる。

しかし、栽培量が多く、手に入りやすいトウモロコシが難消化性デキストリンの原料として多く用いられている。

ダイエット飲料もまた、トウモロコシに依存しているのだ。

怪物植物——トウモロコシの何が不思議なのか

トウモロコシは不思議な植物である。

「トウモロコシは宇宙からやってきた植物である」という都市伝説がある。

本当だろうか。

古来、トウモロコシは、植物学者たちから**「怪物植物」**とあだ名されてきた。植物学者たちにとって、トウモロコシはモンスターのような不思議な存在なのだ。

トウモロコシのどこが不思議だというのだろう。

じつは、トウモロコシには明確な祖先種である野生植物がない。

たとえば私たちが食べるイネには、祖先となった野生のイネがある。また、コムギは直接の祖先があったわけではないが、コムギの元となったヒトツブコムギやタルホコムギやエンマコムギなど、祖先となった植物が明らかとなっている。

ところがトウモロコシには、明確な祖先がない。そのため、どのようにして生まれたのか、まったくの謎《なぞ》なのである。

確かに、トウモロコシの祖先種ではないかと考えられている植物には、テオシントと呼ばれる植物がある。しかし、テオシントの見た目はトウモロコシとは異なる。さらに、仮にテオシントが起源種であったとしても、テオシントとトウモロコシをつなぐ中間の植物種は存在していない。

しかも、そのテオシントにも近縁の植物はないのだ。

「種子を落とすこと」を拒む稀有な植物

それだけではない。

たとえば、イネの野生種や、コムギの祖先となった野生の植物は、種子が熟すとバラバラとばらまく。そして人間が、種子が落ちない「非脱粒性」の突然変異の個体を見つけ出し、それを殖やしていったのだ。

種子を落とさない植物の発見――それが植物の栽培の始まりであり、農業の始まりだったのである。


ところが、である。トウモロコシはどうだろう。

あろうことか、トウモロコシの種子である黄色い粒は、何重にも皮に包まれている。

皮を何枚も剝いで、やっと粒が姿を現わすのである。

こんなに皮に包まれていたら、種子を落とすことはできない。**トウモロコシは種子を落とすことを拒んでいる**のだ。

まるで、最初から種子を食べさせるために進化しているかのようだ。

初めから人間が育てることを前提としてデザインされた植物……それがトウモロコシなのである。

トウモロコシは中米の原産である。

トウモロコシは、中米に発展した古代マヤ文明で栽培され、重要な食糧となってきた。

マヤ文明もまた、謎の多い文明である。

マヤ文明は紀元前二世紀頃に成立していたと考えられているが、そんな昔に高度な都市文明を築き、巨大なピラミッドや神殿を作り上げているのである。

またマヤの人々は宇宙の観測技術に優れ、地球滅亡を予言すると噂《うわさ》されるマヤ暦《れき》を残していることでも知られている。そのため、マヤ文明には、宇宙人が関与しているのではないかとささやかれているほどなのだ。

そして、そのマヤ文明で重要な食糧となっていたトウモロコシは、宇宙からやってきた植物なのではないかと噂されているのである。

マヤ文明で「神聖視」された理由

宇宙から来たというのは大袈裟《おおげさ》であるとしても、トウモロコシが不思議な植物であることに間違いはない。

そして、マヤ文明では、トウモロコシは古代から神聖な植物とされてきたことも事実である。マヤの人々にとってトウモロコシは神聖な作物であり、古代の壁画にもトウモロコシが人々に力を与えるかのような絵が残されている。

それだけではない。

マヤの伝説では、**神々がトウモロコシを練って人間を創造した**と言われているのだ。

トウモロコシの粒の色には黄色や白だけでなく、紫色や黒色、橙色など、さまざまな色がある。人類にさまざまな肌の色があるのは、トウモロコシから作られたためであると言い伝えられている。

白人であるスペイン人が中南米にやってきたのは、コロンブスの新大陸発見以降の話である。どうして、マヤの人たちは世界中にさまざまな肌の色をした人種がいることを知っていたのだろうか。

本当に不思議である。

もしかすると、私たち人類は、伝説どおりトウモロコシから作られた存在なのだろうか。

現代人の体の四〇パーセントは「トウモロコシ」でできている

もちろん、「トウモロコシが宇宙からやってきた」というのは、取るに足らない都市伝説だろう。

しかし、気になることがある。すでに紹介したように、現在、世界でもっともたくさん栽培されている植物は、トウモロコシである。

トウモロコシはウシやブタ、ニワトリなどの家畜のエサとして世界中で栽培されている。

もともとウシは、人間の食べることのできない草を食べ、ブタは人間の食べ残しを食べ、ニワトリは土の中の虫をつついていた。

しかし、今では世界中の家畜がトウモロコシを食べている。つまり、私たちが食べる肉も牛乳も卵も、元をたどれば、トウモロコシから作られているのである。


トウモロコシといえば、コーン油やコーンスターチもトウモロコシである。トウモロコシから取れる油やデンプンは、さまざまな食品の原料となり、かまぼこやビールにまでトウモロコシが入っている。

すでに紹介したように、炭酸飲料やスポーツドリンクには人工甘味料としてトウモロコシを原料とした糖が入っているし、ダイエット食品には、トウモロコシ由来の食物繊維が入っている。

私たちの食べる食品の多くに、トウモロコシが使われているのである。

現代人の体の四〇パーセントは、トウモロコシから作られていると言われているほどである。

すべては「トウモロコシの陰謀」なのか

食品だけではない。工業用のアルコールや糊《のり》をはじめ、さまざまなものがトウモロコシから作られる。プラスチックもトウモロコシから作られるし、自動車を動かすバイオエタノールもトウモロコシである。

今や私たちの生活は、トウモロコシなしには成り立たない。

「私たちの生活はトウモロコシに支配されている」と言っても過言ではないのだ。世界中の人々がトウモロコシを奪い合い、その結果、世界では深刻な飢餓《きが》が起こっている。それでも人々はトウモロコシを奪い合い、争い合っているのだ。

もしかすると、これは**「トウモロコシの陰謀」**ではないのだろうか。トウモロコシが宇宙からやってきたという話は、本当に取るに足らない都市伝説なのだろうか。

いずれにしても、トウモロコシに依存しきった私たち人類の未来は、今やトウモロコシ次第であることに、間違いはないのである。
(もし、そうだとしたら、本当に恐ろしい話だ)
私はコーヒーを飲み干した。
窓の外で何かの気配がした。

6章

「カフェインの虜」にさせるたくらみ

――人類はもう、これなしにはいられない

カフェインで世界史を動かした植物――チャ

世間は抹茶ブームらしい。

私の住む街でも、抹茶のジェラート店に、今日も若者たちが行列を作っている。

抹茶ラテやスムージー、ケーキ、パフェなど、街のカフェやコンビニでは、抹茶のスイーツであふれている。

抹茶ブームは日本にとどまらない。海外でも〝MATCHA〟はブームになりつつある。海外のスーパーマーケットをのぞくと、抹茶を使ったお菓子がたくさん売られているし、チョコレートやケーキもMATCHA味が大人気である。

もっとも、抹茶より前にも、お茶は世界を席捲《せっけん》したことがある。

「紅茶」である。

紅茶は**チャノキ**という植物から作られる。

紅茶に対して緑茶もあるが、紅茶も緑茶もどちらも同じチャノキから作られる。

確かに現代では、紅茶に向いた紅茶用品種や、緑茶に向いた緑茶用品種が育成されているが、もともとは紅茶と緑茶の違いは製法である。

また、抹茶はお茶の葉を乾燥させて粉末にしたもので、これもやはり製法の違いである。

チャノキは中国南部が原産の植物である。

チャノキの葉であるお茶は、古くからアジア各地に伝えられていった。

お茶は広東《カントン》省からアジア各地に運ばれた。広東省の言葉で茶は**「チャ」**という。日本や韓国でも「チャ」である。ベトナムやチベットでも「チャ」である。タイでは「チャー」と言う。インドでは**「チャイ」**と呼ぶ。ロシアやモンゴル、トルコでも「チャイ」だ。

一方、大航海時代を経てヨーロッパから東アジアへの航路が開かれると、お茶はヨーロッパ各地に広まっていった。

航路では、福建《ふっけん》省の港からお茶が運ばれていった。福建省では茶は「テ」と呼ぶ。

そのため、フランス語やイタリア語、スペイン語では、お茶は「テ」と呼ぶ。英語では「ティー」だ。

今や、お茶は、世界中の人々に飲まれている。

「機械には蒸気を与え、人にはお茶を与えよ」

たかが飲み物、と思うかもしれないが、お茶は人類の歴史に大きく関係している。

現代の近代化された社会や、科学文明は、十八世紀の産業革命に端《たん》を発している。

しかし、どうだろう。

もし、お茶がなかったとしたら……人類社会の近代化は、もっと遅れていたのかもしれないのだ。

産業革命は、技術革新による大量の機械の導入によって起こった。

しかし、機械があっても、それを動かす人が十分に働かなければ、生産効率を高めることができない。そこで工場で働く労働者たちの飲み物として用いられたのが、紅茶である。

紅茶は眠気を覚まし、頭をすっきりさせてくれる効果がある。そのため、労働効率を上げるのに最適な飲み物だったのである。

産業革命では、**「機械には蒸気を与え、人にはお茶を与えよ」**とばかりに労働効率を上げる手段としてお茶が用いられた。そして、英国の上流階級の間で飲まれていた紅茶が、英国の庶民の間にも広がっていったのである。

しかし、どうして「お茶」だったのだろう。

「チャノキの葉」にあって「ツバキの葉」にはなかったもの

お茶はチャノキという植物の葉から作られる。

本当は、植物も単に「チャ」や「お茶」と呼ばれているのだが、「チャ」や「お茶」だけだと、植物のことなのか、収穫した葉っぱのことなのか、飲み物のことなのか、さっぱりわからない。そこで、植物のことを表わす場合は、「チャノキ」という名前で呼び分けている。

チャノキは学名を「カメリア・シネンシス」という。カメリアはツバキの仲間を表わす属名である。

シネンシスは中国の秦《しん》王朝に由来する言葉で、「中国の」という意味である。

一方、「カメリア・ジャポニカ」という植物もある。ジャポニカは「日本の」という意味である。カメリア・ジャポニカは、日本でも見られるツバキのことである。

しかし、不思議である。

カメリア・シネンシスとカメリア・ジャポニカは近縁の植物である。どうして、シネンシスは世界中の人たちに飲まれているのに対して、ジャポニカは飲まれないのだろう。少なくとも日本の人々は、古くから日本に生えているツバキの葉を使えばよさそうなものだ。

この理由こそが、**「カフェイン」**である。

チャノキの葉はカフェインを含んでいる。これに対して、ツバキの葉はカフェインを含まないのだ。

人類は、たくさんの種類がある木々の中から、カフェインを含むチャノキを選び出した。

カフェインを含むチャノキは、人々を魅了し、カフェインを含まないツバキは、飲むに価しない植物とされた。**カフェインを含むか含まないか、たったこれだけの差がお茶を世界的な飲み物にのし上げた**のである。

「アメリカ独立戦争」の引き金となった紅茶

カフェインを含むお茶は、産業革命にとどまらず、ついには人々を戦争に駆り立てた。

十八世紀のことである。

新大陸に進出した英国は、植民地の覇権をかけてフランスと北米植民地戦争を繰り広げていた。その結果、英国は、この戦争で莫大な支出を余儀なくされた。そして、植民地からの税金でそれを埋め合わせようとしたのである。

英国が狙いを定めた一つが、英国からアメリカへ輸出されていた「お茶」であった。

そして、英国は輸出するお茶に厳しい税を課すのである。

一七七三年のことである。

お茶を値上げしただけの話だから、お茶を飲まなければよいだけのような気もするがそうではない。人々にとって、お茶は「なくてはならないもの」になっていた。

カフェインが、人々を支配していたのである。


アメリカの人々は、強圧的な英国の制度に反対し、英国からアメリカに茶を運んできた船を襲い、船に積まれていた茶の箱をすべてボストンの港に捨ててしまった。

これが**「ボストン茶会事件」**と呼ばれる事件である。

茶会とはティーパーティーのことである。大量の茶が投げ捨てられて、海の水が茶の色に染まったことから、「茶会事件」と呼ばれているのだ。

和《なご》やかな茶会とは程遠い、物騒《ぶっそう》な事件である。

その被害額は相当なものだったらしく、怒った英国は弁償を求めて、強圧な植民地政策を行なっていった。それに対して、アメリカの人々は反発し、ついに一七七五年、英国とアメリカとの間で、**「アメリカ独立戦争」**が起こるのである。

もちろん、「お茶」は単なるきっかけの一つであり、植民地であるアメリカと、それを支配する英国の間には、軋轢《あつれき》が生じていたのだろう。しかし、お茶が飲めなくなることは、アメリカの人々にとっては、戦争のきっかけになるほど、大きな事件であった。

「たかがお茶」と思うかもしれないが、歴史を顧《かえり》みれば、人を狂わせるほどの力を持つのが、**カフェインの魔力**なのである。

「カフェインの魔力」が引き起こしたアヘン戦争

十九世紀には、もう一つ、お茶をきっかけにした戦争が起こる。

それが一八四〇～四二年に起こった**アヘン戦争**である。

英国では、紅茶が普及し、庶民も盛んに飲むような大衆的な飲み物になったが、それでも、英国にとってチャは、東洋から運ばれてくる神秘の飲み物であることに変わりはなかった。

紅茶が英国人の暮らしや、産業にとって不可欠なものとなり、需要が急増しても、中国から運んでくるしかなかったのである。

お茶は工場の生産性を高める上で、なくてはならない飲み物だが、人々が紅茶を愛し、紅茶を飲めば飲むほど、大量の茶を清国《しん》（中国）から購入しなければならない。清国に対する英国の貿易赤字は拡大する一方であった。

さらに英国にとって問題だったのは、都合のよい資金源であったアメリカの独立である。


そこで貿易赤字解消のために英国が企てたのが、**三角貿易**であった。

英国の産業革命によって、大量に工場生産された安価な綿織物《めんおりもの》は、国内では消費しきれない。そこで、綿織物を当時、植民地であったインドに輸出するのである。

この安価な商品の輸出によって、英国は、インドの伝統的な織物業を壊滅させてしまう。そして英国は、主産業の壊滅したインドで麻薬の原料となるケシを栽培するのである。

そして、ケシから作り出された麻薬のアヘンを清国の商人に売っていったのだ。

こうして英国は、インドで生産したアヘンを清国に売り、自国で生産した綿織物をインドに売ることで、お茶によって生じた貿易赤字を解消していった。

アヘンを売りつけられた上に、自国民を麻薬中毒にされて、清国が黙っているはずがない。アヘンを扱う商人の荷物を取り締まろうとする清国と、自由貿易の保護を主張する英国との間で、摩擦が激しくなっていく。

そして、一八四〇年、ついに英国と清国との間で**アヘン戦争**が勃発《ぼつぱつ》するのである。

この時代、人々は愚かで凄惨《せいさん》な戦争を繰り返してきた。

そして、ときにその陰には、カフェインを持つお茶の存在があったのである。

人類を惑わすカフェインの正体

世界は「カフェインの魔力」に翻弄されていく。

人々を戦争に駆り立てるほどの魔力を持つカフェインとは、いったい何者なのだろうか。

カフェインは、アルカロイドという、植物が作り出す毒性物質の一種である。

アルカロイドは、もともと、植物が昆虫や動物の食害から身を守るための防御物質である。

カフェインの化学構造は、ニコチンやモルヒネとよく似ていて、同じように神経を興奮させる作用がある。

そのため、お茶を飲むと眠気が覚めて、頭がすっきりするのである。まさに**毒と薬**

は紙一重ということなのだ。

もっとも、ニコチンやモルヒネも本来は植物が身を守るために作り出す、自衛のための物質である。

脳に「心地よさ」をもたらす仕組み

しかし、不思議である。

カフェインは植物の毒である。

もちろん、それを摂取したから死んでしまうというような強い毒ではないが、人間にとって有害な物質である。その有害な物質が、どうして人間を虜にしてしまうのだろう。

人間の自律神経には、体を活性化させて活動的にさせる**交感神経**と、体をリラックスさせて休ませる**副交感神経**とがある。

カフェインは毒なので、カフェインを摂取した人間の体はカフェインを解毒し、体外に排出しようとする。そして、交感神経を刺激するのである。

一方でまた、カフェインは毒なので、人間の自律神経を麻痺《まひ》させる。そして、副交感神経を刺激する。これによって、体がリラックスするのである。

交感神経と副交感神経は、相反する働きをする存在である。ところが、カフェインは、**この両方を同時に刺激してしまう**のだ。

脳は心地よい経験をすると、その経験を繰り返そうとする。

心地よい経験は、生存にとって有効な経験であることが多いからだ。

しかし、どんなに心地よいとしても、リラックスしながら元気になる状態は、けっして正常とは言えない。それは、カフェインによって作り出されている異常な状態である。

それでも、この状態が良好な状態であると判断した脳は、この状態を再び作り出そうとする。

そして、その最良な状態を作り出すために、カフェインを求める。

そして、カフェインを得ることで、満足感を得るのだ。

「カフェインを摂取すれば最良な状態になれる」

このことを学習した脳は、ますますカフェインが欲しくなる。しかも、この快感は、何の努力も必要なく、何の体力も必要なく、簡単に得ることができるのだ。

それを覚えた脳は、もう何の躊躇《ちゅうちょ》もなくカフェインを求め続けてしまうのである。

「さらに強い刺激」を求めてしまう脳

カフェインは毒だから、人間の体はカフェインに対して耐性をつけていく。

カフェインを摂取しても、自律神経が刺激されなくなると、脳はもっと多くのカフェインを求める。そして、それにも慣れてしまうと、さらに強い刺激を必要としてしまう。

こうして、人間の脳はカフェインなしではいられなくなっていく。

そして、「もっともっと」とカフェインを求め続けてしまうのだ。

それにしても、カフェインが人々に戦争を起こさせるほどの力を持っているとは、にわかには信じられない。

私はコーヒーを飲んだ。

（そういえば、コーヒーにもカフェインが入っている）

人の体が植物の「毒」に依存してしまうワケ

現代人の生活は、カフェインを摂取する機会があまりにも多い。

朝ご飯を食べた後の緑茶にも、ペットボトルで飲むウーロン茶にも、カフェインが含まれている。

ひと息つきたいときに飲むコーヒーは、コーヒーノキという植物の種子から作られる。コーヒーノキもカフェインを含む植物だ。

炭酸飲料のコーラはもともと、コーラという植物の実から作られていた。この植物もカフェインを含んでいる。現在では、コーラの実は使われていないが、合成されたカフェインが含まれている。

仕事の合間につまむチョコレートはカカオの実から作られる。カカオもカフェインを含む植物だ。

さらには、疲労回復の効果がある栄養ドリンクやエナジードリンクにもカフェインが含まれている。

始皇帝が「不老不死」を願って飲んだ高価な薬

カフェインを摂取するほど、体はカフェインに対する耐性をつけて、カフェインが体に与える刺激が弱くなっていく。

その昔、カフェインを摂取する機会が少なかった頃、カフェインが体にもたらす効果は、現代とは比べものにならないほど、大きかったのかもしれない。


お茶は古くから薬草として利用されてきた。

秦の始皇帝はお茶を「不老不死の効果」があると信じて飲んでいたという。

また唐《とう》の時代の中国の詩には、こんな文章がある。

「一杯目は喉《のど》と口を潤《うるお》し、二杯目は寂しさを和らげ、三杯目は詩情がよみがえる。四杯、五杯と飲むと日頃の不平不満がすべて流され、体が清められる。六杯目を飲むと神仙の御霊《みたま》に通じた」

昔の人たちにとって、カフェインは、めったに口にできない高価な薬であった。それだけ、カフェインにはすごい薬効があったのである。

現在では、お茶を飲んでも詩的な情景が浮かんでくることもないし、不平不満をすべて忘れることができるわけでもない。ましてや、神通力《じんつうりき》を持つ仙人と通ずることはない。現代人の体は、それだけカフェインの刺激に慣れてしまっているということなのだろう。

私たち現代人が、すっかり慣れてしまったとしても、カフェインが植物の毒であることは、今も変わりはない。

実際に、現在でもカフェインに耐性のない赤ちゃんは、カフェイン摂取による悪影響があると言われている。また、イヌやネコはカフェインを含む食べ物を食べると簡単に中毒を起こしてしまう。

本来カフェインは、強い薬であり、強い毒なのだ。

私たちは、この毒に慣れすぎているだけなのである。

大麻、ケシ、タバコ――「やめられない」を生み出す植物

不思議なことに、私たちの体は、植物の毒に依存し、毒を求めてしまう。

大麻やケシなどの植物を原料とする麻薬の類《たぐ》いはその最たるものだ。

タバコがやめられない人も多いが、タバコもナス科の植物であり、ニコチンは植物の毒である。

トウガラシの辛味成分であるカプサイシンも、トウガラシが作り出す毒である。そして、辛いものがやめられなくなる人は多い。

しかし、人々を虜にしたのは、植物の毒だけではない。

「カフェイン」を含んだ紅茶には「甘味」のある砂糖をたっぷり入れて飲む。

「カフェイン」＋「糖」というこの組み合わせによって、紅茶は爆発的に広がっていった。

甘い糖分は、植物が光合成によって作り出す物質であり、人間にとって効率的なエネルギー源である。しかし同時に、多すぎる糖は人間を虜にする魔力も秘めている。奇《く》しくも、カフェインと糖が入った紅茶は、人類にとって、まさに魅惑の飲み物だったのだ。

熱帯にも適応した「アッサム種」

現在、茶は世界のどこで生産されているのだろう。

もっとも多く茶を生産しているのは、原産地の中国である。次いで、紅茶で有名なインドが世界第二位の生産国である。

第三位はどこだろう。

第三位は、アフリカのケニアである。ケニアは日本の生産量の約五倍もの茶を生産している。インドやケニアは、もともと英国の植民地だった地域である。

アヘン戦争の後、英国は、中国に依存しすぎた茶の入手先を見直す必要性を感じ始める。そして、植民地としていたインドでの茶の栽培を試みたのだ。

しかし、インドではチャノキの栽培はうまくいかなかった。中国原産のチャノキにとって、インドは暑すぎたのである。

ところが十九世紀になると、インドのアッサム地方で、熱帯に適応した野生のチャノキが発見される。これが**「アッサム種」**と呼ばれるものである。

チャノキの持つカフェインは害虫や野生動物の食害から身を守るための物質である。熱帯に育つアッサム種は、それまでのチャノキよりも、カフェインを多く含んでいた。

カフェインが多く含まれるとは「より苦味が強くなる」ということになるが、紅茶はもともと苦味を楽しむ飲み物でもある。そのため、紅茶に適したアッサム種の栽培は、それまでチャノキの栽培に向いていなかった暑い国々に拡大していったのである。

現在、チャノキの栽培は、インドやスリランカなどの南アジア、インドネシアやタイなどの東南アジア諸国、ケニアなどのアフリカ諸国、南米のアルゼンチンなど世界に広がっている。

チャノキは、人間を利用して世界中に分布を広げることに、まんまと成功しているのだ。

しかし……。

終わらない「植物たちのサクセス・ストーリー」

私はコーヒーを飲んだ。

このコーヒーもまた、お茶と同じようにカフェインを含み、世界中の人々を魅了している。

コーヒーはアフリカのエチオピア原産で、熱帯の植物なので、現在でも暑い地域でしか栽培されていないが、アフリカだけでなく、東南アジアや中南米など、赤道を取り巻くように、栽培が広がっている。

人間が、コーヒーを世界中に広げていったのだ。

私はコーヒーを飲み干した。

気のせいか、いつもより苦い味がする。

私たちは植物を利用してきた。少なくともそう思ってきた。

しかし、食べさせて利用するのは、植物の常套手段である。

種子をばらまき、分布を広げることが植物たちの成功であるのならば、栽培されている植物たちは、これ以上ないくらいに成功している。

それだけではない。

今や人類は、月面や火星での植物の栽培を目指して、日々、技術の開発に取り組んでいる。

植物たちのサクセス・ストーリーは、まだまだ終わりそうにない。

もはや、植物たちは、笑いが止まらないことだろう。

いや、「笑いが止まらない」は、さすがに書きすぎだろうか。

私は苦笑しながら、筆を置いた。

エピローグ 「植物に支配された惑星」で

この人間は、「植物のたくらみ」に気づいたのかと心配しましたが、どうやら本のネタとしか考えていないようです。本気で心配しているようすはありません。

自らもコーヒーを飲み続けないと、まともな仕事ができない体になっていることにも気づいていないようです。

編集者の二人も、この人間の原稿を面白がっていますが、娯楽に満ちた著者の妄想としか思っていないようで、まともに受け取ってはいないようです。

二人のうちの一人は、何やら白と緑の看板のコーヒーショップの行列に並んで喜んでいます。しかも毎日です。

もう一人は、胃の調子が悪くなるからと、コーヒーに手を出さないようですが、校了前には残業しながら、チョコレートが止まらなくなっているようです。あと一個だけ、あと一個だけと言いながら、結局、いつもひと箱空けています。チョコレートの原料であるカカオも、カフェインが入っていると認識していないのでしょうか。

本当に人間というものは、面白い生き物です。

何しろ、自分たちが特別な「万物の霊長」だとうぬぼれているから、真実を見抜く目を失っているようです。

彼らはまんまと利用されているとも知らず、栽培植物の種子を世界中にばらまき続けてきました。そして、もう一万年もの間、植物たちの世話をさせられているのです。

それなのに、自分では植物を利用している気になっていて、「人と植物の共生」などと、うそぶいています。

この星の本当の支配者は植物であることに、彼らはまったく気づいていないようです。人間は本当に愛すべき存在です。まさに「おめでたい生き物」と言うしかありません。いや、これは客観性に欠ける発言でした。少し言葉が過ぎたようです。

引き続き、この要注意人物の監視を続けます。
定例の報告は以上です。

本書は、本文庫のために書き下ろされたものです。

植物《しょくぶつ》たちの不埒《ふらち》なたくらみ

著者　稲垣栄洋（いながき・ひでひろ）
発行者　押鐘太陽
発行所　株式会社三笠書房
〒102-0072 東京都千代田区飯田橋3-3-1
電話　03-5226-5734（営業部）03-5226-5731（編集部）
https://www.mikasashobo.co.jp
印刷　誠宏印刷
製本　ナショナル製本

 ISBN978-4-8379-3062-4 C0145

王様文庫

王様文庫

面白すぎて時間を忘れる雑草のふしぎ

稲垣栄洋

みちくさ研究家の大学教授が教える雑草たちのしたたか&ユーモラスな暮らしぶり。どんな雑草もボ～ッと生えてるわけじゃない！ ◎「刈られるほど元気」になる奇妙な進化 ◎「上に伸びる」だけが能じゃない ◎甘い蜜、きれいな花には「裏」がある…足元に広がる「知的なたくらみ」

ねじ子の人が病気で死ぬワケを考えてみた

森皆ねじ子

医師で人気漫画家の著者が「人が病気で死ぬワケ」をコミカル&超わかりやすく解説！ ◇ウィルスとの戦いは「体力勝負」？ ◇がんとは「理にかなった自殺装置」？ ◇「血液ドロドロ&血管ボロボロ」の行きつく先は―― 体と病気の「？」が「！」に変わる！

眠れないほど面白い空海の生涯

由良弥生

驚きと感動の物語！「空海の人生に、なぜこんなにも惹かれるのか」――。弘法大師の野望と愛欲、多彩な才能。仏教と密教。そして神と仏。高野山開創に込めた願い。知れば知るほどすごい、1200年前の巨人の日常が甦る！ 壮大なスケールで描く超大作。

K30638